中文版
Photoshop CS5
基础培训教程

数字艺术教育研究室 金日龙 编著

人民邮电出版社

北京

图书在版编目（ＣＩＰ）数据

中文版Photoshop CS5基础培训教程 / 数字艺术教育研究室，金日龙编著. -- 北京 : 人民邮电出版社，2010.7
ISBN 978-7-115-23173-4

Ⅰ. ①中… Ⅱ. ①数… ②金… Ⅲ. ①图形软件，Phtoshop CS5—教材 Ⅳ. ①TP391.41

中国版本图书馆CIP数据核字(2010)第097128号

内 容 提 要

本书全面系统地介绍了 Photoshop CS5 的基本操作方法和图形图像处理技巧，包括图像处理基础知识、初识 Photoshop CS5、绘制和编辑选区、绘制图像、修饰图像、编辑图像、绘制图形及路径、调整图像的色彩和色调、图层的应用、应用文字与蒙版、使用通道与滤镜、商业案例实训等内容。

本书内容均以课堂案例为主线，通过对各案例的实际操作，学生可以快速上手，熟悉软件功能和艺术设计思路。书中的软件功能解析部分使学生能够深入学习软件功能。课堂练习和课后习题，可以拓展学生的实际应用能力，提高学生的软件使用技巧。商业案例实训，可以帮助学生快速地掌握商业图形图像的设计理念和设计元素，顺利达到实战水平。

本书适合作为院校和培训机构艺术专业课程的教材，也可作为 Photoshop CS5 自学人员的参考用书。

中文版 Photoshop CS5 基础培训教程

◆ 编　　著　数字艺术教育研究室　金日龙
　　责任编辑　孟　飞

◆ 人民邮电出版社出版发行　　北京市崇文区夕照寺街 14 号
　　邮编　100061　　电子函件　315@ptpress.com.cn
　　网址　http://www.ptpress.com.cn
　　三河市海波印务有限公司印刷

◆ 开本：787×1092　1/16
　　印张：18.75
　　字数：478 千字　　　　　　　　　2010 年 7 月第 1 版
　　印数：1 – 5 000 册　　　　　　　2010 年 7 月河北第 1 次印刷

ISBN 978-7-115-23173-4

定价：35.00 元（附光盘）

读者服务热线：(010)67132692　印装质量热线：(010)67129223
反盗版热线：(010)67171154

前　言

Photoshop CS5 是由 Adobe 公司开发的图形图像处理和编辑软件。它功能强大、易学易用，深受图形图像处理爱好者和平面设计人员的喜爱，已经成为这一领域最流行的软件之一。目前，我国很多院校和培训机构的艺术专业，都将 Photoshop 作为一门重要的专业课程。为了帮助院校和培训机构的教师能够比较全面、系统地讲授这门课程，使学生能够熟练地使用 Photoshop CS5 来进行设计创意，数字艺术培训研究室组织院校从事 Photoshop 教学的教师和专业平面设计公司经验丰富的设计师共同编写了本书。

我们对本书的编写体系做了精心的设计，按照"课堂案例 – 软件功能解析 – 课堂练习 – 课后习题"这一思路进行编排，力求通过课堂案例演练使学生快速熟悉软件功能和艺术设计思路；力求通过软件功能解析使学生深入学习软件功能和制作特色；力求通过课堂练习和课后习题，拓展学生的实际应用能力。在内容编写方面，我们力求通俗易懂，细致全面；在文字叙述方面，我们注意言简意赅、重点突出；在案例选取方面，我们强调案例的针对性和实用性。

本书配套光盘中包含了书中所有案例的素材及效果文件。另外，为方便教师教学，本书配备了详尽的课堂练习和课后习题的操作步骤及 PPT 课件、习题答案、教学大纲等丰富的教学资源，任课教师可到人民邮电出版社教学服务与资源网（www.ptpedu.com.cn）免费下载使用。

下载地址：

http://www.ptpedu.com.cn/Pt_Edu_Res_Files/file/res_files_esp/jsj/23173/23173-tech.rar

本书的参考学时为 67 学时，其中实训环节为 28 学时，各章的参考学时参见下面的学时分配表。

章　节	课 程 内 容	学 时 分 配	
		讲　授	实　训
第 1 章	图像处理基础知识	1	
第 2 章	初识 Photoshop CS5	1	
第 3 章	绘制和编辑选区	3	2
第 4 章	绘制图像	3	2
第 5 章	修饰图像	3	2
第 6 章	编辑图像	3	2
第 7 章	绘制图形及路径	4	3
第 8 章	调整图像的色彩和色调	4	3
第 9 章	图层的应用	4	3
第 10 章	应用文字与蒙版	4	3
第 11 章	使用通道与滤镜	3	2
第 12 章	商业案例实训	6	6
	课 时 总 计	39	28

本书由数字艺术培训研究室组织编写，参与本书编写工作的人员有吕娜、葛润平、陈东生、周世宾、刘尧、周亚宁、张敏娜、王世宏、孟庆岩、谢立群、黄小龙、高宏、尹国琴、崔桂青等。

由于时间仓促，编写水平有限，书中难免存在错误和不妥之处，敬请广大读者批评指正。

编　者

2010 年 5 月

目　录

第1章
图像处理基础知识

本章将主要介绍 Photoshop CS5 图像处理的基础知识，包括位图与矢量图、分辨率、文件常用格式、图像色彩模式等。通过对本章的学习，可以快速掌握这些基础知识，有助于更快、更准确地处理图像。

课堂学习目标

- 位图和矢量图
- 分辨率
- 图像的色彩模式
- 常用的图像文件格式

1.1 位图和矢量图

图像文件可以分为两大类：位图和矢量图。在绘图或处理图像的过程中，这两种类型的图像可以相互交叉使用。

1.1.1 位图

位图图像也叫点阵图像，它是由许多单独的小方块组成的，这些小方块又称为像素点，每个像素点都有特定的位置和颜色值，位图图像的显示效果与像素点是紧密联系在一起的，不同排列和着色的像素点组合在一起构成了一幅色彩丰富的图像。像素点越多，图像的分辨率越高，相应地，图像的文件量也会随之增大。

一幅位图图像的原始效果如图 1-1 所示，使用放大工具放大后，可以清晰地看到像素的小方块形状与不同的颜色，效果如图 1-2 所示。

图 1-1

图 1-2

位图与分辨率有关，如果在屏幕上以较大的倍数放大显示图像，或以低于创建时的分辨率打印图像，图像就会出现锯齿状的边缘，并且会丢失细节。

1.1.2 矢量图

矢量图也叫向量图，它是一种基于图形的几何特性来描述的图像。矢量图中的各种图形元素称为对象，每一个对象都是独立的个体，都具有大小、颜色、形状、轮廓等属性。

矢量图与分辨率无关，可以将它设置为任意大小，其清晰度不变，也不会出现锯齿状的边缘。在任何分辨率下显示或打印，都不会损失细节。一幅矢量图的原始效果如图 1-3 所示，

图 1-3

图 1-4

使用放大工具放大后，其清晰度不变，效果如图 1-4 所示。

矢量图所占的容量较少，但这种图形的缺点是不易制作色调丰富的图像，而且绘制出来的图形无法像位图那样精确地描绘各种绚丽的景象。

　　分辨率

分辨率是用于描述图像文件信息的术语。分辨率分为图像分辨率、屏幕分辨率和输出分辨率。下面将分别进行讲解。

1.2.1　图像分辨率

在 Photoshop CS5 中，图像中每单位长度上的像素数目，称为图像的分辨率，其单位为像素/英寸或是像素/厘米。

在相同尺寸的两幅图像中，高分辨率的图像包含的像素比低分辨率的图像包含的像素多。例如，一幅尺寸为 1×1 英寸的图像，其分辨率为 72 像素/英寸，这幅图像包含 5184 个像素（72×72 = 5184）。同样尺寸，分辨率为 300 像素/英寸的图像，图像包含 90000 个像素。相同

图 1-5　　　　　　　　　图 1-6

尺寸下，分辨率为 72 像素/英寸的图像效果如图 1-5 所示，分辨率为 10 像素/英寸的图像效果如图 1-6 所示。由此可见，在相同尺寸下，高分辨率的图像将更能清晰地表现图像内容。

 提示　如果一幅图像所包含的像素是固定的，增加图像尺寸后，会降低图像的分辨率。

1.2.2　屏幕分辨率

屏幕分辨率是显示器上每单位长度显示的像素数目。屏幕分辨率取决于显示器大小及其像素设置。PC 显示器的分辨率一般约为 96 像素/英寸，Mac 显示器的分辨率一般约为 72 像素/英寸。在 Photoshop CS5 中，图像像素被直接转换成显示器像素，当图像分辨率高于显示器分辨率时，屏幕中显示的图像比实际尺寸大。

1.2.3　输出分辨率

输出分辨率是照排机或打印机等输出设备产生的每英寸的油墨点数（dpi）。打印机的分辨率在 720 dpi 以上的，可以使图像获得比较好的效果。

1.3　　图像的色彩模式

Photoshop CS5 提供了多种色彩模式，这些色彩模式正是作品能够在屏幕和印刷品上成功表现的重要保障。在这些色彩模式中，经常使用到的有 CMYK 模式、RGB 模式、Lab 模式以及 HSB 模式。另外，还有索引模式、灰度模式、位图模式、双色调模式、多通道模式等。这些模式都可

以在模式菜单下选取，每种色彩模式都有不同的色域，并且各个模式之间可以转换。下面将介绍主要的色彩模式。

1.3.1　CMYK 模式

CMYK 代表了印刷上用的 4 种油墨颜色：C 代表青色，M 代表洋红色，Y 代表黄色，K 代表黑色。CMYK 颜色控制面板如图 1-7 所示。

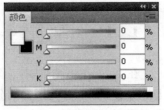

图 1-7

CMYK 模式在印刷时应用了色彩学中的减法混合原理，即减色色彩模式，它是图片、插图和其他 Photoshop 作品中最常用的一种印刷方式。因为在印刷中通常都要进行四色分色，出四色胶片，然后再进行印刷。

1.3.2　RGB 模式

与 CMYK 模式不同的是，RGB 模式是一种加色模式，它通过红、绿、蓝 3 种色光相叠加而形成更多的颜色。RGB 是色光的彩色模式，一幅 24bit 的 RGB 图像有 3 个色彩信息的通道：红色（R）、绿色（G）和蓝色（B）。RGB 颜色控制面板如图 1-8 所示。

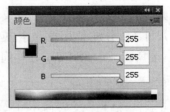

图 1-8

每个通道都有 8 bit 的色彩信息—— 一个 0～255 的亮度值色域。也就是说，每一种色彩都有 256 个亮度水平级。3 种色彩相叠加，可以有 $256 \times 256 \times 256 = 1670$ 万种可能的颜色。这 1670 万种颜色足以表现出绚丽多彩的世界。

在 Photoshop CS5 中编辑图像时，RGB 模式应是最佳的选择。因为它可以提供全屏幕的多达 24 bit 的色彩范围，一些计算机领域的色彩专家称之为"True Color（真色彩）"显示。

1.3.3　灰度模式

灰度模式，灰度图又叫 8 bit 深度图。每个像素用 8 个二进制位表示，能产生 2^8（即 256）级灰色调。当一个彩色文件被转换为灰度模式文件时，所有的颜色信息都将从文件中丢失。尽管 Photoshop CS5 允许将一个灰度文件转换为彩色模式文件，但不可能将原来的颜色完全还原。所以，当要转换灰度模式时，应先做好图像的备份。

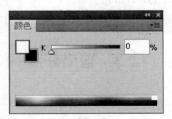

图 1-9

与黑白照片一样，一个灰度模式的图像只有明暗值，没有色相和饱和度这两种颜色信息。0% 代表白，100% 代表黑。其中的 K 值用于衡量黑色油墨用量，颜色控制面板如图 1-9 所示。

提示　将彩色模式转换为后面介绍的双色调（Duotone）模式或位图（Bitmap）模式时，必须先转换为灰度模式，然后由灰度模式转换为双色调模式或位图模式。

1.4　常用的图像文件格式

当用 Photoshop CS5 制作或处理好一幅图像后，就要进行存储。这时，选择一种合适的文件格式就显得十分重要。Photoshop CS5 有 20 多种文件格式可供选择。在这些文件格式中，既有 Photoshop CS5 的专用格式，也有用于应用程序交换的文件格式，还有一些比较特殊的格式。

1.4.1　PSD 格式

PSD 格式和 PDD 格式是 Photoshop CS5 自身的专用文件格式，能够支持从线图到 CMYK 的所有图像类型，但由于在一些图形处理软件中没有得到很好的支持，所以其通用性不强。PSD 格式和 PDD 格式能够保存图像数据的细小部分，如图层、附加的遮膜通道等 Photoshop CS5 对图像进行特殊处理的信息。在没有最终决定图像存储的格式前，最好先以这两种格式存储。另外，Photoshop CS5 打开和存储这两种格式的文件比其他格式更快。但是这两种格式也有缺点，就是它们所存储的图像文件容量大，占用磁盘空间较多。

1.4.2　TIF 格式

TIF 格式是标签图像格式。TIF 格式对于色彩通道图像来说是最有用的格式，具有很强的可移植性，它可以用于 PC、Macintosh 以及 UNIX 工作站 3 大平台，是这 3 大平台上使用最广泛的绘图格式。

用 TIF 格式存储时应考虑到文件的大小，因为 TIF 格式的结构要比其他格式更复杂。但 TIF 格式支持 24 个通道，能存储多于 4 个通道的文件格式。TIF 格式还允许使用 Photoshop CS5 中的复杂工具和滤镜特效。TIF 格式非常适合于印刷和输出。

1.4.3　BMP 格式

BMP 是 Windows Bitmap 的缩写。它可以用于绝大多数 Windows 下的应用程序。

BMP 格式使用索引色彩，它的图像具有极为丰富的色彩，并可以使用 16MB 色彩渲染图像。BMP 格式能够存储黑白图、灰度图和 16MB 色彩的 RGB 图像等。此格式一般在多媒体演示、视频输出等情况下使用，但不能在 Macintosh 程序中使用。在存储 BMP 格式的图像文件时，还可以进行无损失压缩，这样能够节省磁盘空间。

1.4.4　GIF 格式

GIF 是 Graphics Interchange Format 的缩写。GIF 格式的图像文件容量比较小，它形成一种压缩的 8 bit 图像文件。正因为这样，一般用这种格式的文件来缩短图形的加载时间。如果在网络中传送图像文件，GIF 格式的图像文件要比其他格式的图像文件快得多。

1.4.5　JPEG 格式

JPEG 是 Joint Photographic Experts Group 的缩写，中文意思为联合图片专家组。JPEG 格式既是 Photoshop CS5 支持的一种文件格式，也是一种压缩方案。它是 Macintosh 上常用的一种存储类型。JPEG 格式是压缩格式中的"佼佼者"，与 TIF 文件格式采用的 LIW 无损失压缩相比，它的压缩比例更大。但它使用的有损失压缩会丢失部分数据。用户可以在存储前选择图像的最后质量，这就能控制数据的损失程度。

1.4.6　EPS 格式

EPS 是 Encapsulated Post Script 的缩写。EPS 格式是 Illustrator CS5 和 Photoshop CS5 之间可交换的文件格式。Illustrator 软件制作出来的流动曲线、简单图形和专业图像一般都存储为 EPS 格式。Photoshop 可以获取这种格式的文件。在 Photoshop CS5 中，也可以把其他图形文件存储为 EPS 格式，在排版类的 PageMaker 和绘图类的 Illustrator 等其他软件中使用。

1.4.7　选择合适的图像文件存储格式

可以根据工作任务的需要选择合适的图像文件存储格式，下面就根据图像的不同用途介绍应该选择的图像文件存储格式。

用于印刷：TIFF、EPS；

出版物：PDF；

Internet 图像：GIF、JPEG、PNG；

用于 Photoshop CS5 工作：PSD、PDD、TIFF。

第2章

初识 Photoshop CS5

本章首先对 Photoshop CS5 进行概述，然后介绍 Photoshop CS5 的功能特色。通过本章的学习，可以对 Photoshop CS5 的多种功用有一个大体的、全方位的了解，有助于在制作图像的过程中快速地定位，应用相应的知识点，完成图像的制作任务。

课堂学习目标

- 工作界面的介绍
- 文件操作
- 图像的显示效果
- 标尺、参考线和网格线的设置
- 图像和画面尺寸的调整
- 设置绘图颜色
- 了解图层的含义
- 恢复操作的应用

2.1 工作界面的介绍

2.1.1 菜单栏及其快捷方式

熟悉工作界面是学习 Photoshop CS5 的基础。熟练掌握工作界面的内容，有助于初学者日后得心应手地驾驭 Photoshop CS5。Photoshop CS5 的工作界面主要由标题栏、菜单栏、属性栏、工具箱、控制面板和状态栏组成，如图 2-1 所示。

图 2-1

菜单栏：菜单栏中共包含 10 个菜单命令。利用菜单命令可以完成对图像的编辑、调整色彩、添加滤镜效果等操作。

工具箱：工具箱中包含了多个工具。利用不同的工具可以完成对图像的绘制、观察、测量等操作。

属性栏：属性栏是工具箱中各个工具的功能扩展。通过在属性栏中设置不同的选项，可以快速地完成多样化的操作。

控制面板：控制面板是 Photoshop CS5 的重要组成部分。通过不同的功能面板，可以完成图像中填充颜色、设置图层、添加样式等操作。

状态栏：状态栏可以提供当前文件的显示比例、文档大小、当前工具、暂存盘大小等提示信息。

1. 菜单分类

Photoshop CS5 的菜单栏依次分为："文件"菜单、"编辑"菜单、"图像"菜单、"图层"菜单、"选择"菜单、"滤镜"菜单、"分析"菜单、"3D"菜单、"视图"菜单、"窗口"菜单及"帮助"菜单，如图 2-2 所示。

| 文件(F) | 编辑(E) | 图像(I) | 图层(L) | 选择(S) | 滤镜(T) | 分析(A) | 3D(D) | 视图(V) | 窗口(W) | 帮助(H) |

图 2-2

文件菜单：包含了各种文件操作命令。编辑菜单：包含了各种编辑文件的操作命令。图像菜单：包含了各种改变图像的大小、颜色等的操作命令。图层菜单：包含了各种调整图像中图层的操作命令。选择菜单：包含了各种关于选区的操作命令。滤镜菜单：包含了各种添加滤镜效果的操作命令。分析菜单：包含了各种测量图像、数据分析的操作命令。3D 菜单：包含了新的 3D 绘图与合成命令。视图菜单：包含了各种对视图进行设置的操作命令。窗口菜单：包含了各种显示或隐藏控制面板的命令。帮助菜单：包含了各种帮助信息。

2．菜单命令的不同状态

子菜单命令：有些菜单命令中包含了更多相关的菜单命令，包含子菜单的菜单命令，其右侧会显示黑色的三角形 ▶，单击带有三角形的菜单命令，就会显示出其子菜单，如图 2-3 所示。

不可执行的菜单命令：当菜单命令不符合运行的条件时，就会显示为灰色，即不可执行状态。例如，在 CMYK 模式下，滤镜菜单中的部分菜单命令将变为灰色，不能使用。

可弹出对话框的菜单命令：当菜单命令后面显示有省略号"…"时，如图 2-4 所示，表示单击此菜单，可以弹出相应的对话框，可以在对话框中进行相应的设置。

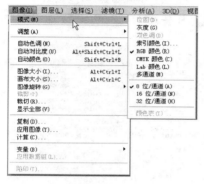

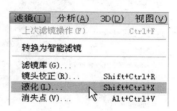

图 2-3　　　　　　　　　　　　　　　　　图 2-4

3．显示或隐藏菜单命令

可以根据操作需要隐藏或显示指定的菜单命令。不经常使用的菜单命令可以暂时隐藏。选择菜单"窗口 > 工作区 > 键盘快捷键和菜单"命令，弹出"键盘快捷键和菜单"对话框，如图 2-5 所示。

图 2-5

单击"应用程序菜单命令"栏中的命令左侧的三角形按钮 ▷，将展开详细的菜单命令，如图 2-6 所示。单击"可见性"选项下方的眼睛图标 👁，将其相对应的菜单命令进行隐藏，如图 2-7 所示。

图 2-6

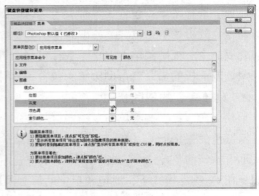
图 2-7

设置完成后，单击"存储对当前菜单组的所有改变"按钮 ，保存当前的设置。也可单击"根据当前菜单组创建一个新组"按钮 ，将当前的修改创建为一个新组。隐藏应用程序菜单命令前后的菜单效果如图 2-8 和图 2-9 所示。

图 2-8

图 2-9

4. 突出显示菜单命令

为了突出显示需要的菜单命令，可以为其设置颜色。选择菜单"窗口 > 工作区 > 键盘快捷键和菜单"命令，弹出"键盘快捷键和菜单"对话框，在要突出显示的菜单命令后面单击"无"，在弹出的下拉列表中可以选择需要的颜色标注命令，如图 2-10 所示。可以为不同的菜单命令设置不同的颜色，如图 2-11 所示。设置颜色后，菜单命令的效果如图 2-12 所示。

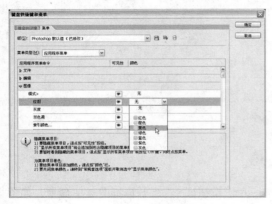
图 2-10

图 2-11

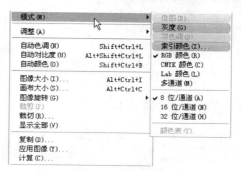

图 2-12

> **提示**　如果要暂时取消显示菜单命令的颜色，可以选择菜单"编辑 > 首选项 > 常规"命令，在弹出的对话框中选择"界面"选项，然后取消勾选"显示菜单颜色"复选框即可。

5. 键盘快捷方式

使用键盘快捷方式：当要选择菜单命令时，可以使用菜单命令旁标注的快捷键，例如，要选择菜单"文件 > 打开"命令，直接按 Ctrl+O 组合键即可。

按住 Alt 键的同时，单击菜单栏中文字后面带括号的字母，可以打开相应的菜单，再按菜单命令中的带括号的字母即可执行相应的命令。例如，要选择"选择"命令，按 Alt+S 组合键即可弹出菜单，要想选择菜单中的"色彩范围"命令，再按 C 键即可。

自定义键盘快捷方式：为了更方便地使用最常用的命令，Photoshop CS5 提供了自定义键盘快捷方式和保存键盘快捷方式的功能。

选择菜单"窗口 > 工作区 > 键盘快捷键和菜单"命令，弹出"键盘快捷键和菜单"对话框，如图 2-13 所示。在对话框下面的信息栏中说明了快捷键的设置方法，在"组"选项中可以选择要设置快捷键的组合，在"快捷键用于"选项中可以选择需要设置快捷键的菜单或工具，在下面的选项窗口中选择需要设置的命令或工具进行设置，如图 2-14 所示。

图 2-13

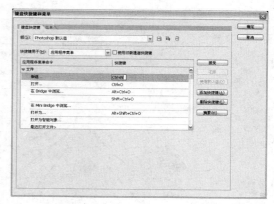

图 2-14

设置新的快捷键后，单击对话框右上方的"根据当前的快捷键组创建一组新的快捷键"按钮，弹出"存储"对话框，在"文件名"文本框中输入名称，如图 2-15 所示，单击"保存"按钮则存储新的快捷键设置。这时，在"组"选项中即可选择新的快捷键设置，如图 2-16 所示。

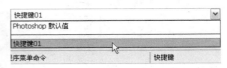

图 2-15　　　　　　　　　　　图 2-16

更改快捷键设置后，需要单击"存储对当前菜单组的所有更改"按钮 对设置进行存储，单击"确定"按钮，应用更改的快捷键设置。要将快捷键的设置删除，可以在对话框中单击"删除"按钮 ，将快捷键的设置进行删除，Photoshop CS5 会自动还原为默认设置。

提示　　在为控制面板或应用程序菜单中的命令定义快捷键时，这些快捷键必须包括 Ctrl 键或一个功能键。在为工具箱中的工具定义快捷键时，必须使用 A～Z 之间的字母。

2.1.2　工具箱

Photoshop CS5 的工具箱包括选择工具、绘图工具、填充工具、编辑工具、颜色选择工具、屏幕视图工具、快速蒙版工具、3D 工具等，如图 2-17 所示。要了解每个工具的具体名称，可以将鼠标光标放置在具体工具的上方，此时会出现一个黄色的图标，上面会显示该工具的具体名称，如图 2-18 所示。工具名称后面括号中的字母，代表选择此工具的快捷键，只要在键盘上按该字母，就可以快速切换到相应的工具上。

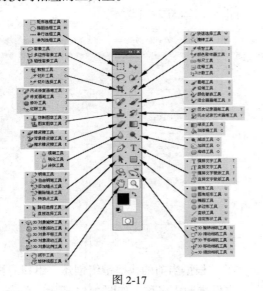

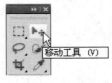

图 2-17　　　　　　　　　　　图 2-18

切换工具箱的显示状态：Photoshop CS5 的工具箱可以根据需要在单栏与双栏之间自由切换。

当工具箱显示为双栏时，如图 2-19 所示，单击工具箱上方的双箭头图标██，工具箱即可转换为单栏，节省工作空间，如图 2-20 所示。

图 2-19

图 2-20

显示隐藏工具箱：在工具箱中，部分工具图标的右下方有一个黑色的小三角██，表示在该工具下还有隐藏的工具。用鼠标在工具箱中有小三角的工具图标上单击，并按住鼠标不放，弹出隐藏工具选项，如图 2-21 所示，将鼠标光标移动到需要的工具图标上，即可选择该工具。

图 2-21

恢复工具箱的默认设置：要想恢复工具默认的设置，可以选择该工具，在相应的工具属性栏中，用鼠标右键单击工具图标██，在弹出的菜单中选择"复位工具"命令，如图 2-22 所示。

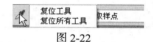

图 2-22

光标的显示状态：当选择工具箱中的工具后，图像中的光标就变为工具图标。例如，选择"裁剪"工具██，图像窗口中的光标也随之显示为裁剪工具的图标，如图 2-23 所示。

选择"画笔"工具██，光标显示为画笔工具的对应图标，如图 2-24 所示。按 Caps Lock 键，光标转换为精确的十字形图标，如图 2-25 所示。

图 2-23

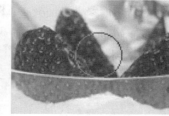

图 2-24

图 2-25

2.1.3　属性栏

当选择某个工具后，会出现相应的工具属性栏，可以通过属性栏对工具进行进一步的设置。例如，当选择"魔棒"工具██时，工作界面的上方会出现相应的魔棒工具属性栏，可以应用属性栏中的各个命令对工具做进一步的设置，如图 2-26 所示。

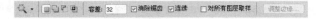

图 2-26

2.1.4　状态栏

打开一幅图像时，图像的下方会出现该图像的状态栏，如图 2-27 所示。

显示比例区————25%　　　文档:24.9M/121.0M————图像信息区

图 2-27

状态栏的左侧显示当前图像缩放显示的百分数。在显示区的文本框中输入数值可改变图像窗口的显示比例。

在状态栏的中间部分显示当前图像的文件信息，单击三角形图标▶，在弹出的菜单中可以选择当前图像的相关信息，如图 2-28 所示。

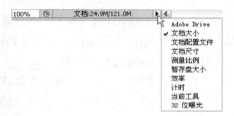

图 2-28

2.1.5　控制面板

控制面板是处理图像时另一个不可或缺的部分。Photoshop CS5 界面为用户提供了多个控制面板组。

收缩与扩展控制面板：控制面板可以根据需要进行伸缩。面板的展开状态如图 2-29 所示。单击控制面板上方的双箭头图标▶▶，可以将控制面板收缩，如图 2-30 所示。如果要展开某个控制面板，可以直接单击其选项卡，相应的控制面板会自动弹出，如图 2-31 所示。

图 2-29　　　　　　　　　　图 2-30　　　　　　　　　　图 2-31

拆分控制面板：若需单独拆分出某个控制面板，可用鼠标选中该控制面板的选项卡并向工作区拖曳，如图 2-32 所示，选中的控制面板将被单独的拆分出来，如图 2-33 所示。

图 2-32　　　　　　　　　　　　　图 2-33

　　组合控制面板：可以根据需要将两个或多个控制面板组合到一个面板组中，这样可以节省操作的空间。要组合控制面板，可以选中外部控制面板的选项卡，用鼠标将其拖曳到要组合的面板组中，面板组周围出现蓝色的边框，如图 2-34 所示，此时，释放鼠标，控制面板将被组合到面板组中，如图 2-35 所示。

　　控制面板弹出式菜单：单击控制面板右上方的图标 ，可以弹出控制面板的相关命令菜单，应用这些菜单可以提高控制面板的功能性，如图 2-36 所示。

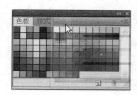　　

图 2-34　　　　　　　　图 2-35　　　　　　　　图 2-36

　　隐藏与显示控制面板：按 Tab 键，可以隐藏工具箱和控制面板；再次按 Tab 键，可显示出隐藏的部分。按 Shift+Tab 组合键，可以隐藏控制面板；再次按 Shift+Tab 组合键，可显示出隐藏的部分。

提示　　按 F6 键显示或隐藏"颜色"控制面板，按 F7 键显示或隐藏"图层"控制面板，按 F8 键显示或隐藏"信息"控制面板。按住 Alt 键的同时，单击控制面板上方的最小化按钮 ，将只显示控制面板的选项卡。

　　自定义工作区：可以依据操作习惯自定义工作区、存储控制面板及设置工具的排列方式，设计出个性化的 Photoshop CS5 界面。

　　设置工作区后，选择菜单"窗口 > 工作区 > 新建工作区"命令，弹出"新建工作区"对话框，输入工作区名称，如图 2-37 所示，单击"存储"按钮，即可将自定义的工作区进行存储。

图 2-37

15

使用自定义工作区时，在"窗口 > 工作区"的子菜单中选择新保存的工作区名称。如果要再恢复使用 Photoshop CS5 默认的工作区状态，可以选择菜单"窗口 > 工作区 > 复位基本功能"命令进行恢复。选择菜单"窗口 > 工作区 > 删除工作区"命令，可以删除自定义的工作区。

2.2　文件操作

新建图像是使用 Photoshop CS5 进行设计的第一步。如果要在一个空白的图像上绘图，就要在 Photoshop CS5 中新建一个图像文件。

2.2.1　新建图像

选择菜单"文件 > 新建"命令，或按 Ctrl+N 组合键，弹出"新建"对话框，如图 2-38 所示。在对话框中可以设置新建图像的名称、图像的宽度和高度、分辨率、颜色模式等选项，设置完成后单击"确定"按钮，即可完成新建图像，如图 2-39 所示。

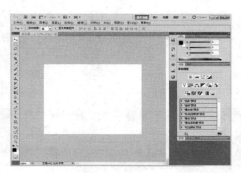

图 2-38　　　　　　　　　　　　　　　　　图 2-39

2.2.2　打开图像

如果要对照片或图片进行修改和处理，就要在 Photoshop CS5 中打开需要的图像。

选择菜单"文件 > 打开"命令，或按 Ctrl+O 组合键，弹出"打开"对话框，在对话框中搜索路径和文件，确认文件类型和名称，通过 Photoshop CS5 提供的预览略图选择文件，如图 2-40 所示，然后单击"打开"按钮，或直接双击文件，即可打开所指定的图像文件，如图 2-41 所示。

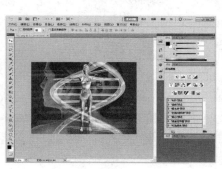

图 2-40　　　　　　　　　　　　　　　　　图 2-41

提示

在"打开"对话框中,也可以一次同时打开多个文件,只要在文件列表中将所需的几个文件选中,并单击"打开"按钮。在"打开"对话框中选择文件时,按住 Ctrl 键的同时,用鼠标单击,可以选择不连续的多个文件。按住 Shift 键的同时,用鼠标单击,可以选择连续的多个文件。

2.2.3 保存图像

编辑和制作完图像后,就需要将图像进行保存,以便于下次打开继续操作。

选择菜单"文件 > 存储"命令,或按 Ctrl+S 组合键,可以存储文件。当设计好的作品进行第一次存储时,选择菜单"文件 > 存储"命令,将弹出"存储为"对话框,如图 2-42 所示,在对话框中输入文件名、选择文件格式后,单击"保存"按钮,即可将图像保存。

图 2-42

提示

当对已存储过的图像文件进行各种编辑操作后,选择"存储"命令,将不弹出"存储为"对话框,计算机直接保存最终确认的结果,并覆盖原始文件。

2.2.4 关闭图像

将图像进行存储后,可以将其关闭。选择菜单"文件 > 关闭"命令,或按 Ctrl+W 组合键,可以关闭文件。关闭图像时,若当前文件被修改过或是新建文件,则会弹出提示框,如图 2-43 所示,单击"是"按钮即可存储并关闭图像。

图 2-43

2.3 图像的显示效果

使用 Photoshop CS5 编辑和处理图像时,可以通过改变图像的显示比例,以使工作更便捷、高效。

2.3.1　100%显示图像

100%显示图像，如图 2-44 所示。在此状态下可以对文件进行精确的编辑。

图 2-44

2.3.2　放大显示图像

选择"缩放"工具 ，在图像中鼠标光标变为放大图标 ⊕，每单击一次鼠标，图像就会放大一倍。当图像以 100%的比例显示时，用鼠标在图像窗口中单击 1 次，图像则以 200%的比例显示，效果如图 2-45 所示。

当要放大一个指定的区域时，选择放大工具 ⊕，按住鼠标不放，在图像上框选出一个矩形选区，如图 2-46 所示，选中需要放大的区域，松开鼠标，选中的区域会放大显示并填满图像窗口，如图 2-47 所示。

图 2-45　　　　　　　　　图 2-46　　　　　　　　　图 2-47

按 Ctrl+ + 组合键，可逐次放大图像，例如从 100%的显示比例放大到 200%，直至 300%、400%。

2.3.3　缩小显示图像

缩小显示图像，一方面可以用有限的屏幕空间显示出更多的图像，另一方面可以看到一个较大图像的全貌。

选择"缩放"工具 ，在图像中光标变为放大工具图标 ，按住 Alt 键不放，鼠标光标变为缩小工具图标 。每单击一次鼠标，图像将缩小显示一级。图像的原始效果如图 2-48 所示，缩小显示后效果如图 2-49 所示。按 Ctrl+ – 组合键，可逐次缩小图像。

图 2-48

图 2-49

也可在缩放工具属性栏中单击缩小工具按钮 ，如图 2-50 所示，则鼠标光标变为缩小工具图标 ，每单击一次鼠标，图像将缩小显示一级。

图 2-50

2.3.4　全屏显示图像

如果要将图像的窗口放大填满整个屏幕，可以在缩放工具的属性栏中单击"适合屏幕"按钮 适合屏幕 ，再勾选"调整窗口大小以满屏显示"选项，如图 2-51 所示。这样在放大图像时，窗口就会和屏幕的尺寸相适应，效果如图 2-52 所示。单击"实际像素"按钮 实际像素 ，图像将以实际像素比例显示。单击"打印尺寸"按钮 打印尺寸 ，图像将以打印分辨率显示。

图 2-51

图 2-52

2.3.5　图像窗口显示

当打开多个图像文件时，会出现多个图像文件窗口，这就需要对窗口进行布置和摆放。同时打开多幅图像，效果如图 2-53 所示。按 Tab 键，关闭操作界面中的工具箱和控制面板，将鼠标光标放在图像窗口的标题栏上，拖曳图像到操作界面的任意位置，如图 2-54 所示。

图 2-53　　　　　　　　　　　　　　　　　图 2-54

选择菜单"窗口 > 排列 > 层叠"命令，图像的排列效果如图 2-55 所示。选择菜单"窗口 > 排列 > 平铺"命令，图像的排列效果如图 2-56 所示。

图 2-55　　　　　　　　　　　　　　　　　图 2-56

2.3.6　观察放大图像

选择"抓手"工具，在图像中鼠标光标变为抓手，用鼠标拖曳图像，可以观察图像的每个部分，效果如图 2-57 所示。直接用鼠标拖曳图像周围的垂直和水平滚动条，也可观察图像的每个部分，效果如图 2-58 所示。如果正在使用其他的工具进行工作，按住 Spacebar（空格）键，可以快速切换到"抓手"工具。

图 2-57　　　　图 2-58

2.4　标尺、参考线和网格线的设置

标尺和网格线的设置可以使图像处理更加精确，而实际设计任务中的问题有许多也需要使用标尺和网格线来解决。

2.4.1　标尺的设置

设置标尺可以精确地编辑和处理图像。选择菜单"编辑 > 首选项 > 单位与标尺"命令，弹出相应的对话框，如图 2-59 所示。

图 2-59

单位：用于设置标尺和文字的显示单位，有不同的显示单位供选择。列尺寸：用于用列来精确确定图像的尺寸。点/派卡大小：与输出有关。选择菜单"视图 > 标尺"命令，可以将标尺显示或隐藏，如图 2-60 和图 2-61 所示。

图 2-60

图 2-61

将鼠标光标放在标尺的 x 和 y 轴的 0 点处，如图 2-62 所示。单击并按住鼠标不放，向右下方拖曳鼠标到适当的位置，如图 2-63 所示，释放鼠标，标尺的 x 和 y 轴的 0 点就变为鼠标移动后的位置，如图 2-64 所示。

图 2-62

图 2-63

图 2-64

2.4.2 参考线的设置

设置参考线：设置参考线可以使编辑图像的位置更精确。将鼠标的光标放在水平标尺上，按住鼠标不放，向下拖曳出水平的参考线，效果如图 2-65 所示。将鼠标的光标放在垂直标尺上，按住鼠标不放，向右拖曳出垂直的参考线，效果如图 2-66 所示。

图 2-65

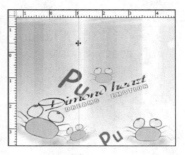
图 2-66

显示或隐藏参考线：选择菜单"视图 > 显示 > 参考线"命令，可以显示或隐藏参考线，此命令只有存在参考线的前提下才能应用。

移动参考线：选择"移动"工具，将鼠标光标放在参考线上，鼠标光标变为，按住鼠标拖曳，可以移动参考线。

锁定、清除、新建参考线：选择菜单"视图 > 锁定参考线"命令或按 Alt +Ctrl+；组合键，可以将参考线锁定，参考线锁定后将不能移动。选择菜单"视图 > 清除参考线"命令，可以将参考线清除。选择菜单"视图 > 新建参考线"命令，弹出"新建参考线"对话框，如图 2-67 所示，设定后单击"确定"按钮，图像中出现新建的参考线。

图 2-67

2.4.3 网格线的设置

设置网格线可以将图像处理得更精准。选择菜单"编辑 > 首选项 > 参考线、网格和切片"命令，弹出相应的对话框，如图 2-68 所示。

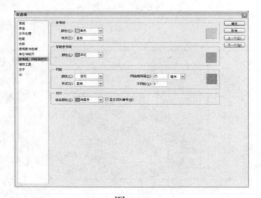
图 2-68

参考线：用于设定参考线的颜色和样式。网格：用于设定网格的颜色、样式、网格线间隔、子网格等。切片：用于设定切片的颜色和显示切片的编号。

选择菜单"视图 > 显示 > 网格"命令，可以显示或隐藏网格，如图 2-69 和图 2-70 所示。

图 2-69   图 2-70

技巧   反复按 Ctrl+R 组合键，可以将标尺显示或隐藏。反复按 Ctrl+; 组合键，可以将参考线显示或隐藏。反复按 Ctrl+' 组合键，可以将网格显示或隐藏。

2.5   图像和画布尺寸的调整

根据制作过程中不同的需求，可以随时调整图像的尺寸与画布的尺寸。

2.5.1   图像尺寸的调整

打开一幅图像，选择菜单"图像 > 图像大小"命令，弹出"图像大小"对话框，如图 2-71 所示。

像素大小：通过改变"宽度"和"高度"选项的数值，改变图像在屏幕上显示的大小，图像的尺寸也相应改变。文档大小：通过改变"宽度"、"高度"和"分辨率"选项的数值，改变图像的文档大小，图像的尺寸也相应改变。约束比例：选中此复选框，在"宽度"和"高度"选项右侧出现锁链标志，表示改变其中一项设置时，两项会成比例的同时改变。重定图像像素：不勾选此复选框，像素的数值将不能单独设置，"文档大小"选项组中的"宽度"、"高度"和"分辨率"选项右侧将出现锁链标志，改变数值时 3 项会同时改变，如图 2-72 所示。

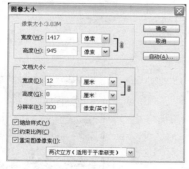

图 2-71   图 2-72

在"图像大小"对话框中可以改变选项数值的计量单位，在选项右侧的下拉列表中进行选择，如图 2-73 所示。单击"自动"按钮，弹出"自动分辨率"对话框，系统将自动调整图像的分辨率和品质效果，如图 2-74 所示。

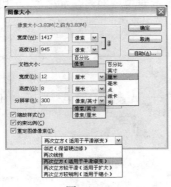

图 2-73

图 2-74

2.5.2 画布尺寸的调整

图像画布尺寸的大小是指当前图像周围的工作空间的大小。选择菜单"图像 > 画布大小"命令，弹出"画布大小"对话框，如图 2-75 所示。

当前大小：显示的是当前文件的大小和尺寸。新建大小：用于重新设定图像画布的大小。定位：可调整图像在新画面中的位置，可偏左、居中或在右上角等，如图 2-76 所示。设置不同的调整方式，图像调整后的效果如图 2-77 所示。

图 2-75

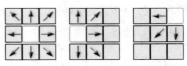
图 2-76

图 2-77

画布扩展颜色：此选项的下拉列表中可以选择填充图像周围扩展部分的颜色，在列表中可以选择前景色、背景色或 Photoshop CS5 中的默认颜色，也可以自己调整所需颜色。在对话框中进行设置，如图 2-78 所示，单击"确定"按钮，效果如图 2-79 所示。

图 2-78   图 2-79

2.6 设置绘图颜色

在 Photoshop CS5 中可以使用"拾色器"对话框、"颜色"控制面板、"色板"控制面板对图像进行色彩的选择。

2.6.1 使用"拾色器"对话框设置颜色

可以在"拾色器"对话框中设置颜色。

使用颜色滑块和颜色选择区：用鼠标在颜色色带上单击或拖曳两侧的三角形滑块，如图 2-80 所示，可以使颜色的色相产生变化。

在"拾色器"对话框左侧的颜色选择区中，可以选择颜色的明度和饱和度，垂直方向表示的是明度的变化，水平方向表示的是饱和度的变化。

选择好颜色后，在对话框的右侧上方的颜色框中会显示所选择的颜色，右侧下方是所选择颜色的 HSB、

图 2-80

RGB、CMYK、Lab 值，选择好颜色后，单击"确定"按钮，所选择的颜色将变为工具箱中的前景或背景色。

使用颜色库按钮选择颜色：在"拾色器"对话框中单击"颜色库"按钮 颜色库 ，弹出"颜色库"对话框，如图 2-81 所示。在对话框中，"色库"下拉菜单中是一些常用的印刷颜色体系，如图 2-82 所示，其中"TRUMATCH"是为印刷设计提供服务的印刷颜色体系。

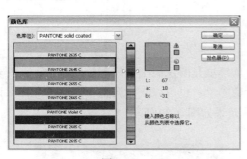

图 2-81

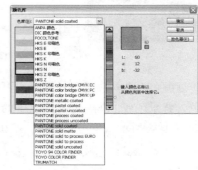

图 2-82

在颜色色相区域内单击或拖曳两侧的三角形滑块，可以使颜色的色相产生变化，在颜色选择区中选择带有编码的颜色，在对话框的右侧上方颜色框中会显示出所选择的颜色，右侧下方是所选择颜色的 CMYK 值。

通过输入数值选择颜色：在"拾色器"对话框中，右侧下方的 HSB、RGB、CMYK、Lab 色彩模式后面，都带有可以输入数值的数值框，在其中输入所需颜色的数值也可以得到希望的颜色。

选中对话框左下方的"只有 Web 颜色"复选框，

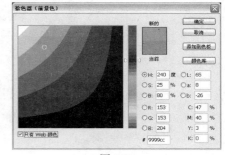

图 2-83

颜色选择区中出现供网页使用的颜色，如图 2-83 所示，在右侧的数值框 # 9999cc 中，显示的是网页颜色的数值。

2.6.2　使用"颜色"控制面板设置颜色

"颜色"控制面板可以用来改变前景色和背景色。选择菜单"窗口 > 颜色"命令，弹出"颜色"控制面板，如图 2-84 所示。

在"颜色"控制面板中，可先单击左侧的设置前景色或设置背景色图标  来确定所调整的是前景色还是背景色。然后拖曳三角滑块或在色带中选择所需的颜色，或直接在颜色的数值框中输入数值调整颜色。

单击"颜色"控制面板右上方的图标 ，弹出下拉命令菜单，如图 2-85 所示，此菜单用于设定"颜色"控制面板中显示的颜色模式，可以在不同的颜色模式中调整颜色。

图 2-84　　　　　　图 2-85

2.6.3　使用"色板"控制面板设置颜色

"色板"控制面板可以用来选取一种颜色来改变前景色或背景色。选择菜单"窗口 > 色板"命令，弹出"色板"控制面板，如图 2-86 所示。单击"色板"控制面板右上方的图标 ，弹出下拉命令菜单，如图 2-87 所示。

新建色板：用于新建一个色板。小缩览图：可使控制面板显示为小图标方式。小列表：可使控制面板显示为小列表方式。预设管理器：用于对色板中的颜色进行管理。复位色板：用于恢复系统的初始设置状态。载入色板：用于向"色板"控制面板中增加色板文件。存储色板：用于将当前"色板"控制面板中的色板文件存入硬盘。替换色板：用于替换"色板"控制面板中现有的色板文件。ANPA 颜色选项以下都是配置的颜色库。

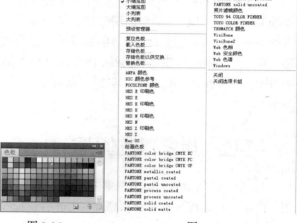

图 2-86　　　　　　　　图 2-87

在"色板"控制面板中，将鼠标光标移到空白处，鼠标光标变为油漆桶，如图 2-88 所示，此时单击鼠标，弹出"色板名称"对话框，如图 2-89 所示，单击"确定"按钮，即可将当前的前景色添加到"色板"控制面板中，如图 2-90 所示。

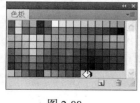

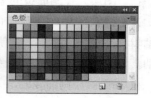

图 2-88　　　　　　　　图 2-89　　　　　　　　图 2-90

在"色板"控制面板中，将鼠标光标移到色标上，鼠标光标变为吸管，如图 2-91 所示，此时单击鼠标，将设置吸取的颜色为前景色，如图 2-92 所示。

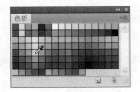　　

图 2-91　　　　　　　　图 2-92

　　在"色板"控制面板中，按住 Alt 键的同时，将鼠标光标移到颜色色标上，鼠标光标变为剪刀 ✂，此时单击鼠标，将删除当前的颜色色标。

2.7　了解图层的含义

　　图层是在不影响图像中其他图像元素的情况下处理某一图像元素。可以将图层想象成是一张张叠起来的硫酸纸。可以透过图层的透明区域看到下面的图层。通过更改图层的顺序和属性，可以改变图像的合成。图像效果如图 2-93 所示，其图层原理图如图 2-94 所示。

图 2-93　　　　　图 2-94

2.7.1　"图层"控制面板

　　"图层"控制面板列出了图像中的所有图层、组和图层效果。可以使用"图层"控制面板来显示和隐藏图层、创建新图层以及处理图层组。还可以在"图层"控制面板的弹出式菜单中设置其他命令和选项，如图 2-95 所示。

图 2-95

　　图层混合模式 [正常 ▽]：用于设定图层的混合模式，它包含有 20 多种图层混合模式。不透明度：用于设定图层的不透明度。填充：用于设定图层的填充百分比。眼睛图标 👁：用于打开或隐藏图层中的内容。锁链图标 🔗：表示图层与图层之间的链接关系。图标 T：表示此图层为可编辑的文字层。图标 fx.：为图层添加样式。

　　在"图层"控制面板的上方有 4 个工具图标，如图 2-96 所示。

锁定: □ ✒ ✛ 🔒

图 2-96

　　锁定透明像素 □：用于锁定当前图层中的透明区域，使透明区域不能被编辑。锁定图像像素 ✒：使当前图层和透明区域不能被编辑。锁定位置 ✛：使当前图层不能被移动。锁定全部 🔒：使当前图层或序列完全被锁定。

　　在"图层"控制面板的下方有 7 个工具按钮图标，如图 2-97 所示。

🔗 fx. 🔲 ◑ 🔳 🗑

图 2-97

　　链接图层 🔗：使所选图层和当前图层成为一组，当对一个链接图层进行操作时，将影响一组链接图层。添加图层样式 fx.：为当前图层添加图层样式效果。添加图层蒙版 🔲：将在当前层上创建一个蒙版。在图层蒙版中，黑色代表隐藏图像，白色代表显示图像。可以使用画笔等绘图工具对蒙版进行绘制，还可以将蒙版转换成选择区域。创建新的填充或调整图层 ：可对图层进行颜色填充和效果调整。创建新组 □：用于新建一个文件夹，可在其中放入图层。创建新图层 □：用于在当前图层的上方创建一个新层。删除图层 □：即垃圾桶，可以将不需要的图层拖到此处进行删除。

2.7.2 "图层"菜单

单击"图层"控制面板右上方的图标 ≣，弹出其命令菜单，如图 2-98 所示。

2.7.3 新建图层

使用控制面板弹出式菜单：单击"图层"控制面板右上方的图标 ≣，弹出其命令菜单，选择"新建图层"命令，弹出"新建图层"对话框，如图 2-99 所示。

名称：用于设定新图层的名称，可以选择与前一图层创建剪贴蒙版。颜色：用于设定新图层的颜色。模式：用于设定当前图层的合成模式。不透明度：用于设定当前图层的不透明度值。

使用控制面板按钮或快捷键：单击"图层"控制面板下方的"创建新图层"按钮 □，可以创建一个新图层。按住 Alt 键的同时，单击"创建新图层"按钮 □，将弹出"新建图层"对话框。

使用"图层"菜单命令或快捷键：选择菜单"图层 > 新建 > 图层"命令，弹出"新建图层"对话框。按 Shift+Ctrl+N 组合键，也可以弹出"新建图层"对话框。

图 2-98

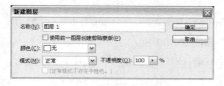

图 2-99

2.7.4 复制图层

使用控制面板弹出式菜单：单击"图层"控制面板右上方的图标 ≣，弹出其命令菜单，选择"复制图层"命令，弹出"复制图层"对话框，如图 2-100 所示。

为：用于设定复制层的名称。文档：用于设定复制层的文件来源。

图 2-100

使用控制面板按钮：将需要复制的图层拖曳到控制面板下方的"创建新图层"按钮 □ 上，可以将所选的图层复制为一个新图层。

使用菜单命令：选择菜单"图层 > 复制图层"命令，弹出"复制图层"对话框。

使用鼠标拖曳的方法复制不同图像之间的图层：打开目标图像和需要复制的图像。将需要复制的图像中的图层直接拖曳到目标图像的图层中，图层复制完成。

2.7.5 删除图层

使用控制面板弹出式菜单：单击图层控制面板右上方的图标，弹出其命令菜单，选择"删除图层"命令，弹出提示对话框，如图 2-101 所示。

使用控制面板按钮：选中要删除的图层，单击"图层"控制面板下方的"删除图层"按钮，即可删除图层。或将需要删除的图层直接拖曳到"删除图层"按钮上进行删除。

图 2-101

使用菜单命令：选择菜单"图层 > 删除 > 图层"命令，即可删除图层。

2.7.6 图层的显示和隐藏

单击"图层"控制面板中任意图层左侧的眼睛图标，可以隐藏或显示这个图层。

按住 Alt 键的同时，单击"图层"控制面板中的任意图层左侧的眼睛图标，此时，图层控制面板中将只显示这个图层，其他图层被隐藏。

2.7.7 图层的选择、链接和排列

选择图层：用鼠标单击"图层"控制面板中的任意一个图层，可以选择这个图层。

选择"移动"工具，用鼠标右键单击窗口中的图像，弹出一组供选择的图层选项菜单，选择所需要的图层即可。将鼠标靠近需要的图像进行以上操作，即可选择这个图像所在的图层。

链接图层：当要同时对多个图层中的图像进行操作时，可以将多个图层进行链接，方便操作。选中要链接的图层，如图 2-102 所示，单击"图层"控制面板下方的"链接图层"按钮，选中的图层被链接，如图 2-103 所示。再次单击"链接图层"按钮，可取消链接。

排列图层：单击"图层"控制面板中的任意图层并按住鼠标不放，拖曳鼠标可将其调整到其他图层的上方或下方。

图 2-102

图 2-103

选择菜单"图层 > 排列"命令，弹出"排列"命令的子菜单，选择其中的排列方式即可。

> **提示** 按 Ctrl+[组合键，可以将当前图层向下移动一层；按 Ctrl+]组合键，可以将当前图层向上移动一层；按 Shift+Ctrl+[组合键，可以将当前图层移动到除了背景图层以外的所有图层的下方；按 Shift +Ctrl+]组合键，可以将当前图层移动到所有图层的上方。背景图层不能随意移动，可转换为普通图层后再移动。

2.7.8 图层的属性

图层属性命令用于设置图层的名称以及颜色。单击
"图层"控制面板右上方的图标 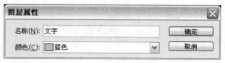，弹出其命令菜单，
选择"图层属性"命令，弹出"图层属性"对话框，如
图 2-104 所示。

图 2-104

名称：用于设置图层的名称。颜色：用于设置图层的显示颜色。

2.7.9 合并图层

"合并图层"命令用于向下合并图层。单击"图层"控制面板右上方的图标 ，在弹出式菜
单中选择"合并图层"命令，或按 Ctrl+E 组合键即可。

"合并可见图层"命令用于合并所有可见层。单击"图层"控制面板右上方的图标 ，在弹
出式菜单中选择"合并可见图层"命令，或按 Shift+Ctrl+E 组合键即可。

"拼合图像"命令用于合并所有的图层。单击"图层"控制面板右上方的图标 ，在弹出式
菜单中选择"拼合图像"命令。

2.7.10 图层组

当编辑多层图像时，为了方便操作，可以将多个图层建立在一个图层组中。单击"图层"控
制面板右上方的图标 ，在弹出的菜单中选择"新建组"命令，弹出"新建组"对话框，单击"确
定"按钮，新建一个图层组，如图 2-105 所示，选中要放置到组中的多个图层，如图 2-106 所示，
将其向图层组中拖曳，选中的图层被放置在图层组中，如图 2-107 所示。

图 2-105

图 2-106

图 2-107

提示 单击"图层"控制面板下方的"创建新组"按钮 ，可以新建图层组。选择菜单"图
层 > 新建 > 组"命令，也可新建图层组。还可选中要放置在图层组中的所有图层，按 Ctrl+G 组
合键，自动生成新的图层组。

2.8　恢复操作的应用

在绘制和编辑图像的过程中，经常会错误地执行一个步骤或对制作的一系列效果不满意。当希望恢复到前一步或原来的图像效果时，可以使用恢复操作命令。

2.8.1　恢复到上一步的操作

在编辑图像的过程中可以随时将操作返回到上一步，也可以还原图像到恢复前的效果。选择菜单"编辑 > 还原"命令，或按 Ctrl+Z 组合键，可以恢复到图像的上一步操作。如果想还原图像到恢复前的效果，再按 Ctrl+Z 组合键即可。

2.8.2　中断操作

当 Photoshop CS5 正在进行图像处理时，想中断这次的操作，可以按 Esc 键，即可中断正在进行的操作。

2.8.3　恢复到操作过程的任意步骤

"历史记录"控制面板将进行过多次处理操作的图像恢复到任一步操作时的状态，即所谓的"多次恢复功能"。选择菜单"窗口 > 历史记录"命令，弹出"历史记录"控制面板，如图 2-108 所示。

图 2-108

控制面板下方的按钮从左至右依次为"从当前状态创建新文档"按钮、"创建新快照"按钮、"删除当前状态"按钮。

单击控制面板右上方的图标，弹出"历史记录"控制面板的下拉命令菜单，如图 2-109 所示。

前进一步：用于将滑块向下移动一位。后退一步：用于将滑块向上移动一位。新建快照：用于根据当前滑块所指的操作记录建立新的快照。删除：用于删除控制面板中滑块所指的操作记录。清除历史记录：用于清除控制面板中除最后一条记录外的所有记录。新建文档：用于由当前状态或者快照建立新的文件。历史记录选项：用于设置"历史记录"控制面板。关闭和关闭选项卡组：用于关闭"历史记录"控制面板和控制面板所在的选项卡组。

图 2-109

第3章
绘制和编辑选区

本章将主要介绍 Photoshop CS5 选区的概念、绘制选区的方法以及编辑选区的技巧。通过本章的学习，可以快速地绘制规则与不规则的选区，并对选区进行移动、反选、羽化等调整操作。

课堂学习目标

- 选择工具的使用
- 选区的操作技巧

3.1　选择工具的使用

对图像进行编辑，首先要进行选择图像的操作。能够快捷精确地选择图像，是提高处理图像效率的关键。

命令介绍

矩形选框工具：矩形选框工具可以在图像或图层中绘制矩形选区。

套索工具：套索工具可以在图像或图层中绘制不规则形状的选区，选取不规则形状的图像。

魔棒工具：魔棒工具可以用来选取图像中的某一点，并将与这一点颜色相同或相近的点自动溶入选区中。

3.1.1　课堂案例——制作圣诞贺卡

【案例学习目标】学习使用不同的选择工具选取不同的图像，并应用移动工具移动装饰图形。

【案例知识要点】使用矩形选框、椭圆选框、多边形套索工具、磁性套索工具绘制选区，使用魔棒工具、快速选择工具添加选区，使用移动工具移动选区中的图像，如图 3-1 所示。

【效果所在位置】光盘/Ch03/效果/制作圣诞贺卡.psd。

图 3-1

1．绘制规则选区

（1）按 Ctrl + O 组合键，打开光盘中的"Ch03 > 素材 > 制作圣诞贺卡 > 01"文件，图像效果如图 3-2 所示。按 Ctrl + O 组合键，打开光盘中的"Ch03 > 素材 > 制作圣诞贺卡 > 02"文件，图像效果如图 3-3 所示。选择"矩形选框"工具 ，在图像窗口中绘制矩形选区，如图 3-4 所示。

图 3-2　　　　　　　　　　图 3-3　　　　　　　　　图 3-4

（2）选择"移动"工具 ，将选区中的图像拖曳到 01 文件窗口中的适当位置。按 Ctrl+T 组合键，图像周围出现变换框，向内拖曳变换框的控制手柄，将图像缩小，如图 3-5 所示。将鼠标光标放至变换框的控制手柄外边，光标变为旋转图标 ，如图 3-6 所示。拖曳鼠标将图像旋转至适当的位置，按 Enter 键，效果如图 3-7 所示。在"图层"控制面板中生成新图层并将其命名为"圣诞卡片"。

图 3-5 图 3-6 图 3-7

（3）按 Ctrl + O 组合键，打开光盘中的"Ch03 > 素材 > 制作圣诞贺卡 > 03"文件，图像效果如图 3-8 所示。选择"椭圆选框"工具 ，按住 Shift 键的同时，在图像窗口中拖曳鼠标绘制圆形选区，效果如图 3-9 所示。

（4）选择"移动"工具 ，将选区中的图像拖曳到 01 文件窗口中的适当位置，效果如图 3-10 所示，在"图层"控制面板中生成新图层并将其命名为"圆球"。

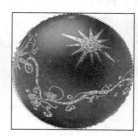

图 3-8 图 3-9 图 3-10

2. 绘制不规则选区

（1）按 Ctrl + O 组合键，打开光盘中的"Ch03 > 素材 > 制作圣诞贺卡 > 04"文件，图像效果如图 3-11 所示。选择"多边形套索"工具 ，在图像窗口中单击鼠标沿着盒子边缘绘制不规则选区，效果如图 3-12 所示。

（2）选择"移动"工具 ，将选区中的图像拖曳到 01 文件窗口中的适当位置，调整其大小并旋转到合适的角度，效果如图 3-13 所示。在控制面板中生成新的图层并将其命名为"礼品盒"。

图 3-11 图 3-12 图 3-13

（3）按 Ctrl + O 组合键，打开光盘中的"Ch03 > 素材 > 制作圣诞贺卡 > 05"文件，图像效果如图 3-14 所示。选择"磁性套索"工具 ，在图像窗口中沿着小熊边缘拖曳鼠标，绘制选区，效果如图 3-15 所示。

（4）选择"移动"工具 ，将选区中的图像拖曳到 01 文件窗口中的适当位置，调整其大小并旋转到合适的角度，效果如图 3-16 所示，在控制面板中生成新图层并将其命名为"小熊"。

图 3-14

图 3-15

图 3-16

（5）按 Ctrl + O 组合键，打开光盘中的"Ch03 > 素材 > 制作圣诞贺卡 > 06"文件，图像效果如图 3-17 所示。选择"快速选择"工具 ，属性栏中的设置如图 3-18 所示，在图像窗口中白色的背景区域单击，图像周围生成选区，按 Ctrl+Shift+I 组合键，将选区反选，如图 3-19 所示。

（6）选择"移动"工具 ，将选区中的图像拖曳到 01 文件窗口中的适当的位置，调整其大小，效果如图 3-20 所示，在控制面板中生成新图层并将其命名为"铃铛"。

图 3-17

图 3-18

图 3-19

图 3-20

（7）按 Ctrl + O 组合键，打开光盘中的"Ch03 > 素材 > 制作圣诞贺卡 > 07"文件，图像效果如图 3-21 所示。选择"魔棒"工具 ，属性栏中的设置如图 3-22 所示，在图像窗口中白色背景区域多次单击鼠标，图像周围生成选区，如图 3-23 所示。

（8）按 Ctrl+Shift+I 组合键，将选区反选。选择"移动"工具 ，将选区中的图像拖曳到 01 文件窗口中的适当位置，调整其大小并旋转到适当的角度，效果如图 3-24 所示。在控制面板中生成新图层并将其命名为"卡通娃娃"。圣诞贺卡效果制作完成，如图 3-25 所示。

图 3-21

图 3-22

图 3-23

图 3-24

图 3-25

3.1.2　选框工具

选择"矩形选框"工具 ，或反复按 Shift+M 组合键，属性栏状态如图 3-26 所示。

图 3-26

新选区 ：去除旧选区，绘制新选区。添加到选区 ：在原有选区的上面增加新的选区。从选区减去 ：在原有选区上减去新选区的部分。与选区交叉 ：选择新旧选区重叠的部分。羽化：用于设定选区边界的羽化程度。消除锯齿：用于清除选区边缘的锯齿。样式：用于选择类型。

绘制矩形选区：选择"矩形选框"工具 ，
在图像中适当的位置单击并按住鼠标不放，向右
下方拖曳鼠标绘制选区；松开鼠标，矩形选区绘
制完成，如图 3-27 所示。按住 Shift 键，在图像
中可以绘制出正方形选区，如图 3-28 所示。

设置矩形选区的比例：在"矩形选框"工具
 的属性栏中，选择"样式"选项下拉列表中的

图 3-27　　　　　　　图 3-28

"固定比例"，将"宽度"选项设为 1，"高度"选项设为 3，如图 3-29 所示。在图像中绘制固定比
例的选区，效果如图 3-30 所示。单击"高度和宽度互换"按钮 ，可以快速地将宽度和高度比的
数值互相置换，互换后绘制的选区效果如图 3-31 所示。

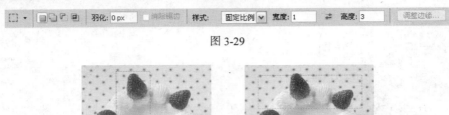

图 3-29

图 3-30   图 3-31

设置固定尺寸的矩形选区：在"矩形选框"工具 的属性栏中，选择"样式"选项下拉列表中的"固定大小"，在"宽度"和"高度"选项中输入数值，单位只能是像素，如图 3-32 所示。绘制固定大小的选区，效果如图 3-33 所示。单击"高度和宽度互换"按钮 ，可以快速地将宽度和高度的数值互相置换，互换后绘制的选区效果如图 3-34 所示。

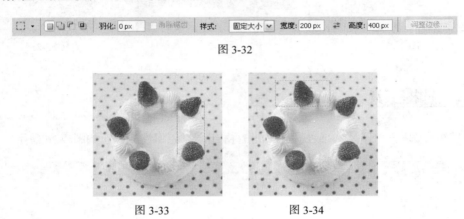

图 3-32

图 3-33   图 3-34

3.1.3　套索工具

选择"套索"工具 ，或反复按 Shift+L 组合键，其属性栏状态如图 3-35 所示。

图 3-35

：为选择方式选项。羽化：用于设定选区边缘的羽化程度。消除锯齿：用于清除选区边缘的锯齿。

选择"套索"工具 ，在图像中适当的位置单击并按住鼠标不放，拖曳鼠标在杯子的周围进行绘制，如图 3-36 所示，松开鼠标，选择区域自动封闭生成选区，效果如图 3-37 所示。

图 3-36   图 3-37

3.1.4　魔棒工具

选择"魔棒"工具 ，或按 W 键，其属性栏如图 3-38 所示。

图 3-38

：为选择方式选项。容差：用于控制色彩的范围，数值越大，可容许的颜色范围越大。消除锯齿：用于清除选区边缘的锯齿。连续：用于选择单独的色彩范围。对所有图层取样：用于将所有可见层中颜色容许范围内的色彩加入选区。

图 3-39　　　　　　　　　图 3-40

选择"魔棒"工具 ，在图像中单击需要选择的颜色区域，即可得到需要的选区，如图 3-39 所示。调整属性栏中的容差值，再次单击需要选择的区域，不同容差值的选区效果如图 3-40 所示。

3.2　选区的操作技巧

在建立选区后，可以对选区进行一系列的操作，如移动选区、调整选区、羽化选区等。

命令介绍

羽化选区：可以使图像产生柔和的效果。

3.2.1　课堂案例——制作婚纱照片模板

【案例学习目标】学习调整选区的方法和技巧，并应用羽化选区命令制作柔和图像效果。

【案例知识要点】使用羽化选区命令制作柔和图像效果，使用反选命令制作选区反选效果，使用矩形选框工具移动选区，如图 3-41 所示。

【效果所在位置】光盘/Ch03/效果/制作婚纱照片模板.psd。

图 3-41

（1）按 Ctrl + O 组合键，打开光盘中的"Ch03 > 素材 > 制作婚纱照片模板 > 01"文件，图像效果如图 3-42 所示。按 Ctrl + O 组合键，打开光盘中的"Ch03 > 素材 > 制作婚纱照片模板 > 02"文件，选择"移动"工具 ，将人物图片拖曳到背景图像的左侧，效果如图 3-43 所示，在"图层"控制面板中生成新图层并将其命名为"人物"。

图 3-42　　　　　　　　　　图 3-43

（2）选择"椭圆选框"工具，在图像窗口中绘制椭圆选区，如图 3-44 所示。选择菜单"选择 > 修改 > 羽化"命令，弹出"羽化选区"对话框，进行设置，如图 3-45 所示，单击"确定"按钮。按 Ctrl+Shift+I 组合键，将选区反选，按 Delete 键，删除选区中的图像，按 Ctrl+D 组合键，取消选区，图像效果如图 3-46 所示。

图 3-44　　　　　　　　图 3-45　　　　　　　　图 3-46

（3）按 Ctrl + O 组合键，打开光盘中的"Ch03 > 素材 > 制作婚纱照片模板 > 03"文件，选择"移动"工具，将人物图片拖曳到图像窗口适当的位置，效果如图 3-47 所示，在"图层"控制面板中生成新图层并将其命名为"人物 2"。

图 3-47　　　　　　图 3-48

（4）选择"椭圆选框"工具，按住 Shift 键的同时，在图像窗口中拖曳鼠标绘制圆形选区，效果如图 3-48 所示。

（5）按 Shift+F6 组合键，弹出"羽化选区"对话框，进行设置，如图 3-49 所示，单击"确定"按钮。按 Ctrl+Shift+I 组合键，将选区反选；按 Delete 键，删除选区中的图像；按 Ctrl+D 组合键，取消选区，图像效果如图 3-50 所示。

（6）按 Ctrl + O 组合键，打开光盘中的"Ch03 > 素材 > 制作婚纱照片模板 > 04"文件，选择"移动"工具，将人物图片拖曳到图像窗口适当的位置，效果如图 3-51 所示，

图 3-49　　　　　　图 3-50

在"图层"控制面板中生成新图层并将其命名为"人物 3"。按住 Ctrl 键的同时，单击"人物 2"图层的缩览图，如图 3-52 所示，图像周围生成选区。

图 3-51　　　　　　　　　　　　　　图 3-52

（7）选择"矩形选框"工具 ，将鼠标光标放至选区中，光标变为 ，按下鼠标左键将选区拖曳到适当的位置，效果如图 3-53 所示。

（8）在选区内单击鼠标右键，在弹出的菜单中选择"变换选区"命令，选区周围出现变换框，向内拖曳变换框的控制手柄，将选区缩小，如图 3-54 所示。按 Enter 键确定操作，图像效果如图 3-55 所示。

图 3-53　　　　　　　　　图 3-54　　　　　　　　　图 3-55

（9）选择"人物 3"图层。按 Shift+F6 组合键，弹出"羽化选区"对话框，进行设置，如图 3-56 所示，单击"确定"按钮。按 Ctrl+Shift+I 组合键，将选区反选，按 Delete 键，删除选区中的图像，按 Ctrl+D 组合键，取消选区，图像效果如图 3-57 所示。婚纱照片模板效果制作完成，如图 3-58 所示。

图 3-56　　　　　　　　　图 3-57　　　　　　　　　图 3-58

3.2.2　移动选区

使用鼠标移动选区：将鼠标放在选区中，鼠标光标变为 ▷ᵢₙ，如图 3-59 所示。按住鼠标并进行拖曳，鼠标光标变为▶图标，将选区拖曳到其他位置，如图 3-60 所示。松开鼠标，即可完成选区的移动，效果如图 3-61 所示。

图 3-59　　　　　　　　　　图 3-60　　　　　　　　　　图 3-61

使用键盘移动选区：当使用矩形和椭圆选框工具绘制选区时，不要松开鼠标，按住 Spacebar（空格）键的同时拖曳鼠标，即可移动选区。绘制出选区后，使用键盘中的方向键，可以将选区沿各方向移动 1 个像素；绘制出选区后，使用 Shift+方向组合键，可以将选区沿各方向移动 10 个像素。

3.2.3　羽化选区

在图像中绘制不规则选区，如图 3-62 所示，选择菜单"选择 > 修改 > 羽化"命令，弹出"羽化选区"对话框，设置羽化半径的数值，如图 3-63 所示，单击"确定"按钮，选区被羽化。将选区反选，效果如图 3-64 所示，在选区中填充颜色后，效果如图 3-65 所示。

还可以在绘制选区前，在所使用工具的属性栏中直接输入羽化的数值，如图 3-66 所示，此时，绘制的选区自动成为带有羽化边缘的选区。

图 3-62　　　　　　　　　　图 3-63　　　　　　　　　　图 3-64

图 3-65　　　　　　　　　　　　　　　图 3-66

3.2.4　创建和取消选区

选择菜单"选择 > 取消选择"命令，或按 Ctrl+D 组合键，可以取消选区。

3.2.5　全选和反选选区

全选：选择所有像素，即指将图像中的所有图像全部选取。选择菜单"选择 > 全部"命令，或按 Ctrl+A 组合键，即可选取全部图像，效果如图 3-67 所示。

反选：选择菜单"选择 > 反向"命令，或按 Shift+Ctrl+I 组合键，可以对当前的选区进行反向选取，效果如图 3-68、图 3-69 所示。

图 3-67

图 3-68

图 3-69

课堂练习——制作台球

【练习知识要点】使用纹理化、光照效果滤镜和透视命令制作背景效果。使用渐变工具制作背景的透明渐变。使用高斯模糊滤镜制作球体的高光。使用添加图层样式命令为圆形添加外发光。使用动感模糊滤镜制作文字的动感效果。台球效果如图 3-70 所示。

【效果所在位置】光盘/Ch03/效果/制作台球.psd。

图 3-70

课后习题——温馨时刻

【习题知识要点】使用画笔工具绘制图像。使用渐变工具填充选区。使用矩形选框工具绘制选区。使用自定形状工具绘制五角星图形。使用亮度/对比度命令调整图像的亮度。使用横排文字工具输入需要的文字。使用图层样式命令为图像添加外发光、投影和描边。温馨时刻效果如图 3-71 所示。

【效果所在位置】光盘/Ch03/效果/温馨时刻.psd。

图 3-71

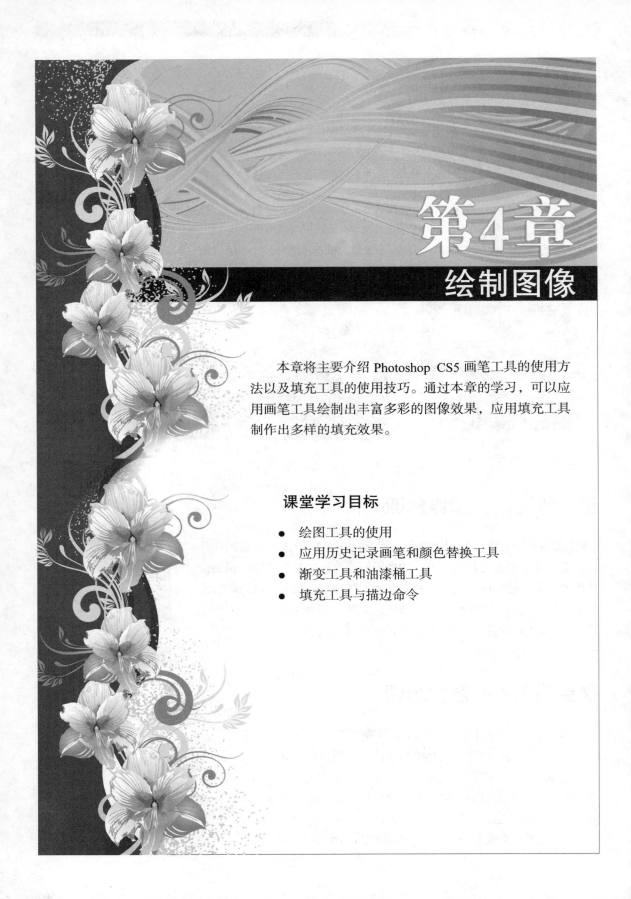

第4章

绘制图像

本章将主要介绍 Photoshop CS5 画笔工具的使用方法以及填充工具的使用技巧。通过本章的学习，可以应用画笔工具绘制出丰富多彩的图像效果，应用填充工具制作出多样的填充效果。

课堂学习目标

- 绘图工具的使用
- 应用历史记录画笔和颜色替换工具
- 渐变工具和油漆桶工具
- 填充工具与描边命令

4.1　绘图工具的使用

使用绘图工具是绘画和编辑图像的基础。画笔工具可以绘制出各种绘画效果。铅笔工具可以绘制出各种硬边效果的图像。

命令介绍

画笔工具：可以模拟画笔效果在图像或选区中进行绘制。

铅笔工具：可以模拟铅笔的效果进行绘画。

4.1.1　课堂案例——绘制风景插画

【案例学习目标】学会使用绘图工具绘制不同的装饰图形。

【案例知识要点】使用画笔工具、铅笔工具绘制草地和太阳图形，如图 4-1 所示。

【效果所在位置】光盘/Ch04/效果/绘制风景插画.psd。

图 4-1

1．绘制草地和太阳图形

（1）按 Ctrl + O 组合键，打开光盘中的"Ch04 > 素材 > 绘制风景插画 > 01"文件，图像效果如图 4-2 所示。

（2）按 Ctrl + O 组合键，打开光盘中的"Ch04 > 素材 > 绘制风景插画 > 02"文件，选择"移动"工具 ，将人物图片拖曳到图像窗口的右侧，效果如图 4-3 所示，在"图层"控制面板中生成新图层并将其命名为"卡通人物"。

图 4-2

图 4-3

（3）单击"图层"控制面板下方的"创建新图层"按钮 ，生成新的图层并将其命名为"草地"。将前景色设为深绿色（其 R、G、B 的值分别为 48、125、8），背景色设为浅绿色（其 R、G、B 的值分别为 85、180、18）。

（4）选择"画笔"工具 ，在属性栏中单击"画笔"选项右侧的按钮 ，在弹出的面板中选择需要的画笔形状，如图 4-4 所示，再次单击属性栏中的"切换画笔面板"按钮 ，弹出"画笔"控制面板，在面板中设置画笔大小，如图 4-5 所示。选择"颜色动态"选项，切换到相应的面板，在面板中进行设置，如图 4-6 所示。在图像窗口中拖曳鼠标，绘制草地图形，效果如图 4-7 所示。

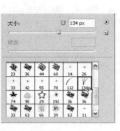 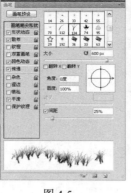  

图 4-4　　　　　　　　图 4-5　　　　　　　　图 4-6　　　　　　　　图 4-7

（5）将前景色设为草绿色（其 R、G、B 的值分别为 32、111、0），背景色设为浅绿色（其 R、G、B 的值分别为 70、170、16）。选择"铅笔"工具，在属性栏中单击"画笔"选项右侧的按钮，在弹出的面板中选择需要的画笔形状，如图 4-8 所示，再次单击属性栏中的"切换画笔面板"按钮，弹出"画笔"控制面板，在面板中进行设置，如图 4-9 所示。在图像窗口中拖曳鼠标，绘制草地图形，效果如图 4-10 所示。

 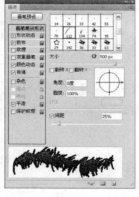 

图 4-8　　　　　　　　图 4-9　　　　　　　　　　　图 4-10

（6）单击"图层"控制面板下方的"创建新图层"按钮，生成新的图层并将其命名为"太阳"。将前景色设为黄色（其 R、G、B 的值分别为 255、250、1）。选择"画笔"工具，在属性栏中单击"画笔"选项右侧的按钮，在弹出的画笔面板中选择需要的画笔形状，将"主直径"选项设为 740px，"硬度"选项设为 40%，如图 4-11 所示。在图像窗口中单击鼠标绘制太阳图像，效果如图 4-12 所示。

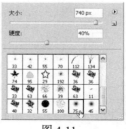 

图 4-11　　　　　　　　　　图 4-12

2．绘制蝴蝶图形并添加边框形状

（1）单击"图层"控制面板下方的"创建新图层"按钮，生成新的图层并将其命名为"蝴蝶"。将前景色设为黄色（其 R、G、B 的值分别为 255、230、8），背景色设为橘红色（其 R、G、B 的值分别为 255、141、45）。

（2）选择"画笔"工具 ✐，在属性栏中单击"画笔"选项右侧的按钮 ，弹出画笔选择面板，单击面板右上方的按钮 ，在弹出的菜单中选择"特殊效果画笔"选项，弹出提示对话框，单击"追加"按钮。在画笔选择面板中选择需要的画笔形状，如图 4-13 所示，再次单击属性栏中的"切换画笔面板"按钮 ，弹出"画笔"控制面板，在面板中进行设置，如图 4-14 所示。选择"颜色动态"选项，切换到相应的面板，在面板中进行设置，如图 4-15 所示。在图像窗口中多次单击鼠标，绘制蝴蝶图形，效果如图 4-16 所示。

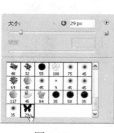
图 4-13

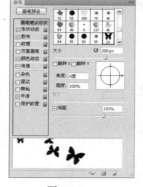
图 4-14

图 4-15

图 4-16

（3）单击"图层"控制面板下方的"创建新图层"按钮 ，生成新的图层并将其命名为"边框"。将前景色设为黑色。按 Ctrl+A 组合键，图像周围生成选区，如图 4-17 所示。选择"矩形选框"工具 ，选中属性栏中的"从选区减去"按钮 ，拖曳鼠标绘制矩形选区，效果如图 4-18 所示。

图 4-17

图 4-18

（4）按 Alt+Delete 组合键，用前景色填充选区。按 Ctrl+D 组合键，取消选区，效果如图 4-19 所示。在"图层"控制面板上方，将"边框"图层的"不透明度"选项设为 10%，如图 4-20 所示，图像效果如图 4-21 所示。风景插画制作完成。

图 4-19

图 4-20

图 4-21

4.1.2　画笔工具

选择"画笔"工具 ✐，或反复按 Shift+B 组合键，其属性栏的效果如图 4-22 所示。

图 4-22

画笔预设：用于选择预设的画笔。模式：用于选择混合模式，选择不同的模式，用喷枪工具操作时，将产生丰富的效果。不透明度：可以设定画笔的不透明度。流量：用于设定喷笔压力，压力越大，喷色越浓。喷枪 🎨：可以选择喷枪效果。

使用画笔工具：选择"画笔"工具 🖌️，在画笔工具属性栏中设置画笔，如图 4-23 所示，在图像中单击鼠标并按住不放，拖曳鼠标可以绘制出如图 4-24 所示的效果。

图 4-23

图 4-24

画笔预设：在画笔工具属性栏中单击"画笔"选项右侧的按钮 ·，弹出如图 4-25 所示的画笔选择面板，在画笔选择面板中可以选择画笔形状。

拖曳"主直径"选项下方的滑块或直接输入数值，可以设置画笔的大小。如果选择的画笔是基于样本的，将显示"恢复到原始大小"按钮 ⟳，单击此按钮，可以使画笔的大小恢复到初始的大小。

单击"画笔"面板右侧的三角形按钮 ▶，在弹出的下拉菜单中选择"描边缩览图"命令，如图 4-26 所示，"画笔"选择面板的显示效果如图 4-27 所示。

图 4-25   图 4-26   图 4-27

新建画笔预设：用于建立新画笔。重命名画笔：用于重新命名画笔。删除画笔：用于删除当前选中的画笔。仅文本：以文字描述方式显示画笔选择面板。小缩览图：以小图标方式显示画笔选择面板。大缩览图：以大图标方式显示画笔选择面板。小列表：以小文字和图标列表方式显示画笔选择面板。大列表：以大文字和图标列表方式显示画笔选择面板。描边缩览图：以笔划的方式显示画笔选择面板。预设管理器：用于在弹出的预置管理器对话框中编辑画笔。复位画笔：用于恢复默认状态的画笔。载入画笔：用于将存储的画笔载入面板。存储画笔：用于将当前的画笔

进行存储。替换画笔：用于载入新画笔并替换当前画笔。

　　在画笔选择面板中单击"从此画笔创建新的预设"按钮 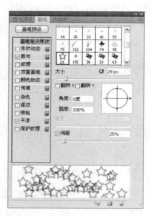，弹出如图 4-28 所示的"画笔名称"对话框。单击画笔工具属性栏中的"切换画笔面板"按钮，弹出如图 4-29 所示的"画笔"控制面板。

图 4-28　　　　　　　　　　　　　　　图 4-29

4.1.3　铅笔工具

　　选择"铅笔"工具 ，或反复按 Shift+B 组合键，其属性栏的效果如图 4-30 所示。

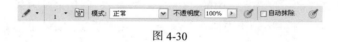

图 4-30

　　画笔：用于选择画笔。模式：用于选择混合模式。不透明度：用于设定不透明度。自动抹除：用于自动判断绘画时的起始点颜色，如果起始点颜色为背景色，则铅笔工具将以前景色绘制，反之如果起始点颜色为前景色，铅笔工具则会以背景色绘制。

　　使用铅笔工具：选择"铅笔"工具 ，在其属性栏中选择笔触大小，并选择"自动抹除"选项，如图 4-31 所示，此时绘制效果与鼠标所单击的起始点颜色有关，当鼠标单击的起始点像素与前景色相同时，"铅笔"工具 将行使"橡皮擦"工具 的功能，以背景色绘图；如果鼠标单击的起始点颜色不是前景色，绘图时仍然会保持以前景色绘制。

图 4-31

　　将前景色和背景色分别设定为紫色和白色，在属性栏中勾选"自动抹除"选项，在图像中单击鼠标，画出一个紫色图形，在紫色图形上单击绘制下一个图形，颜色就会变成白色，重复以上操作，效果如图 4-32 所示。

图 4-32

4.2 应用历史记录画笔和颜色替换工具

历史记录艺术画笔工具主要用于将图像恢复到以前某一历史状态，以形成特殊的图像效果。颜色替换工具用于更改图像中某对象的颜色。

命令介绍

历史记录艺术画笔工具：主要用于将图像的部分区域恢复到以前某一历史状态，以形成特殊的图像效果，使用此工具绘图时可以产生艺术效果。

4.2.1 课堂案例——制作油画效果

【案例学习目标】学会应用历史记录艺术画笔工具制作油画效果，使用调色命令和滤镜命令制作图像效果。

【案例知识要点】使用快照命令、不透明度命令、历史记录艺术画笔工具制作油画效果，使用去色、色相/饱和度命令调整图片的颜色，使用混合模式命令、浮雕效果滤镜为图片添加浮雕效果，如图 4-33 所示。

图 4-33

【效果所在位置】光盘/Ch04/效果/制作油画效果.psd。

1. 制作背景图像

（1）按 Ctrl + O 组合键，打开光盘中的"Ch04 > 素材 > 制作油画效果 > 01"文件，效果如图 4-34 所示。选择菜单"窗口 > 历史记录"命令，弹出"历史记录"控制面板，单击面板右上方的图标，在弹出的菜单中选择"新建快照"命令，弹出"新建快照"对话框，如图 4-35 所示，单击"确定"按钮。

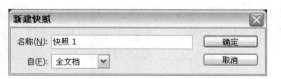

图 4-34   图 4-35

（2）选择"图层"控制面板，单击控制面板下方的"创建新图层"按钮，生成新图层并将其命名为"黑色填充"。将前景色设为黑色，按 Alt+Delete 组合键，用前景色填充图层。在控制面板上方，将"黑色填充"图层的"不透明度"选项设为 80%，效果如图 4-36 所示。

（3）单击"图层"控制面板下方的"创建新图层"按钮，生成新图层并将其命名为"向日葵"。选择"历史记录艺术画笔"工具，在属性栏中单击"画笔"选项右侧的按钮，弹出画笔选择面板，单击面板右上方的按钮，在弹出的菜单中选择"干介质画笔"选项，弹出提示对话框，单击"确定"按钮。在画笔选择面板中选择需要的画笔形状，将"主直径"选项设为 60px，如图 4-37 所示。在属性栏中进行设置，如图 4-38 所示。在图像窗口中拖曳鼠标绘制向日葵图形，效果如图 4-39 所示。

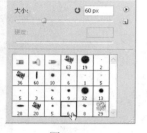

图 4-36　　　　　　　　　　　　　　　图 4-37

图 4-38　　　　　　　　　　　　　　　图 4-39

（4）单击"黑色填充"和"背景"图层左侧的眼睛图标👁，将"黑色填充"、"背景"图层隐藏，观看绘制的情况，如图 4-40 所示。继续拖曳鼠标涂抹，直到笔刷铺满图像窗口，单击"黑色填充"和"背景"图层左侧的眼睛图标👁，显示出隐藏的图层，效果如图 4-41 所示。

图 4-40　　　　　　　　　　　　　　　图 4-41

2．调整图片颜色

（1）选择菜单"图像 > 调整 > 色相/饱和度"命令，在弹出的对话框中进行设置，如图 4-42 所示，单击"确定"按钮，效果如图 4-43 所示。

图 4-42　　　　　　　　　　　　　　　图 4-43

（2）将"向日葵"图层拖曳到控制面板下方的"创建新图层"按钮 上进行复制，生成新图层"向日葵副本"。选择菜单"图像 > 调整 > 去色"命令，去除图像颜色，效果如图 4-44 所示。

（3）在"图层"控制面板上方，将"向日葵副本"图层的混合模式设为"叠加"，如图 4-45 所示，效果如图 4-46 所示。

图 4-44

图 4-45

图 4-46

（4）选择菜单"滤镜 > 风格化 > 浮雕效果"命令，在弹出的对话框中进行设置，如图 4-47 所示，单击"确定"按钮，效果如图 4-48 所示。

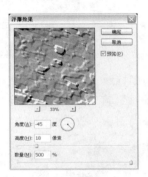
图 4-47

图 4-48

（5）选择"横排文字"工具 ，在属性栏中选择合适的字体并设置文字大小，分别输入需要的黑色文字，并适当调整文字间距，如图 4-49 所示，在"图层"控制面板中分别生成新的文字图层，如图 4-50 所示。油画效果制作完成，如图 4-51 所示。

图 4-49

图 4-50

图 4-51

4.2.2　历史记录画笔工具

历史记录画笔工具是与"历史记录"控制面板结合起来使用的。主要用于将图像的部分区域恢复到以前某一历史状态，以形成特殊的图像效果。

　　打开一张图片，如图 4-52 所示，为图片添加滤镜效果，如图 4-53 所示，"历史记录"控制面板中的效果如图 4-54 所示。

图 4-52

图 4-53

图 4-54

　　选择"椭圆选框"工具 ◯，在其属性栏中将"羽化"选项设为 50，在图像上绘制一个椭圆形选区，如图 4-55 所示。选择"历史记录画笔"工具 ✐，在"历史记录"控制面板中单击"打开"步骤左侧的方框，设置历史记录画笔的源，显示出图标 ✐，如图 4-56 所示。

图 4-55

图 4-56

　　用"历史记录画笔"工具 ✐ 在选区中涂抹，如图 4-57 所示，取消选区后效果如图 4-58 所示。"历史记录"控制面板中的效果如图 4-59 所示。

图 4-57

图 4-58

图 4-59

4.2.3　历史记录艺术画笔工具

　　历史记录艺术画笔工具和历史记录画笔工具的用法基本相同。区别在于使用历史记录艺术画笔绘图时可以产生艺术效果。选择"历史记录艺术画笔"工具 ✐，其属性栏如图 4-60 所示。

图 4-60

　　样式：用于选择一种艺术笔触。区域：用于设置画笔绘制时所覆盖的像素范围。容差：用于设置画笔绘制时的间隔时间。

原图效果如图 4-61 所示，用颜色填充图像，效果如图 4-62 所示，"历史记录"控制面板中的效果如图 4-63 所示。

图 4-61　　　　　　　　　图 4-62　　　　　　　　　图 4-63

在"历史记录"控制面板中单击"打开"步骤左侧的方框，设置历史记录画笔的源，显示出图标，如图 4-64 所示。选择"历史记录艺术画笔"工具，在属性栏中进行设置，如图 4-65 所示。

图 4-64　　　　　　　　　　　　　　　　图 4-65

用"历史记录艺术画笔"工具在图像上涂抹，效果如图 4-66 所示，"历史记录"控制面板中的效果如图 4-67 所示。

图 4-66　　　　　　　　　图 4-67

4.3　渐变工具和油漆桶工具

应用渐变工具可以创建多种颜色间的渐变效果，油漆桶工具可以改变图像的色彩，吸管工具可以吸取需要的色彩。

命令介绍

油漆桶工具：可以在图像或选区中，对指定色差范围内的色彩区域进行色彩或图案填充。

吸管工具：可以在图像或"颜色"控制面板中吸取颜色，并可在"信息"控制面板中观察像素点的色彩信息。

渐变工具：用于在图像或图层中形成一种色彩渐变的图像效果。

4.3.1 课堂案例——制作彩虹

【案例学习目标】学习使用填充工具和模糊滤镜制作彩虹图形。

【案例知识要点】使用油漆桶工具为图像填充颜色，使用吸管工具吸取颜色，使用图层的不透明度命令制作图像的透明效果。使用渐变工具、动感模糊滤镜制作彩虹，使用橡皮擦工具涂抹图像，如图 4-68 所示。

【效果所在位置】光盘/Ch04/效果/制作彩虹.psd。

图 4-68

1．添加图形

（1）按 Ctrl + O 组合键，打开光盘中的"Ch04 > 素材 > 制作彩虹 > 01"文件，图像效果如图 4-69 所示。按 Ctrl + O 组合键，打开光盘中的"Ch04 > 素材 > 制作彩虹 > 02"文件，选择"移动"工具 ，将小鸟图片拖曳到图像窗口中，效果如图 4-70 所示，在"图层"控制面板中生成新图层并将其命名为"小鸟"。

（2）将前景色设为浅蓝色（其 R、G、B 的值分别为 190、221、237）。选择"油漆桶"工具 ，属性栏中的设置如图 4-71 所示，在图像窗口中的黑色小鸟区域单击鼠标，效果如图 4-72 所示。

图 4-69　　　　　　图 4-70

（3）将"小鸟"图层拖曳到控制面板下方的"创建新图层"按钮 上进行复制，生成新图层"小鸟副本"。按 Ctrl+T 组合键，将鼠标光标放在变换框的控制手柄外边，光标变为旋转图标 ，拖曳鼠标将图像旋转适当的角度并调整其大小和位置，按 Enter 键确定操作，效果如图 4-73 所示。

（4）在"图层"控制面板中，按住 Ctrl 键的同时，单击"小鸟副本"图层的缩览图，图形周围生成选区。选择"吸管"工具 ，在背景图像的深蓝色区域单击鼠标吸取颜色，如图 4-74 所示，吸取的颜色转换为前景色，按 Alt+Delete 组合键，用前景色填充选区，按 Ctrl+D 组合键，取消选区，效果如图 4-75 所示。

图 4-71

图 4-72　　　　　　图 4-73　　　　　　　图 4-74　　　　　　图 4-75

（5）在"图层"控制面板中，将"小鸟副本"图层的"不透明度"选项设为 50%，如图 4-76 所示，图像效果如图 4-77 所示。按 Ctrl + O 组合键，打开光盘中的"Ch04 > 素材 > 制作彩虹 >

03"文件，选择"移动"工具 ，将小鸟图片拖曳到图像窗口的中间位置，效果如图 4-78 所示。在"图层"控制面板中生成新图层并将其命名为"小鸟图形"。

（6）将前景色设为蓝色（其 R、G、B 的值分别为 70、177、223）。选择"油漆桶"工具 ，在图像窗口中的黑色小鸟区域单击鼠标，效果如图 4-79 所示。

图 4-76   图 4-77   图 4-78   图 4-79

2．制作彩虹

（1）单击"图层"控制面板下方的"创建新图层"按钮 ，生成新图层并将其命名为"彩虹"。选择"渐变"工具 ，单击属性栏中的"点按可编辑渐变"按钮 ，弹出"渐变编辑器"对话框，在"预设"选项组中选择"透明彩虹渐变"选项，在色带上将"色标"的位置调整为 70、72、76、81、86、90，将"不透明度色标"的位置设为 58、66、84、86、91、96，如图 4-80 所示，单击"确定"按钮。选中属性栏中的"径向渐变"按钮 ，按住 Shift 键的同时，在图像窗口中从左至右拖曳渐变色，编辑状态如图 4-81 所示，松开鼠标后效果如图 4-82 所示。

图 4-80   图 4-81   图 4-82

（2）按 Ctrl+T 组合键，图形周围出现变换框，将图形拖曳到适当的位置并调整其大小，旋转图形到适当的角度，按 Enter 键确定操作，如图 4-83 所示。选择菜单"滤镜 > 模糊 > 动感模糊"命令，弹出对话框，在对话框中进行设置，如图 4-84 所示，单击"确定"按钮，效果如图 4-85 所示。

图 4-83   图 4-84   图 4-85

（3）选择"橡皮擦"工具 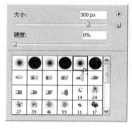，在属性栏中单击"画笔"选项右侧的按钮 ·，弹出画笔选择面板，在面板中选择需要的画笔形状，将"主直径"选项设为 300px，如图 4-86 所示，在属性栏中将画笔的"不透明度"选项设为 80%，在彩虹的右侧端点上涂抹，擦除部分图像，效果如图 4-87 所示。

（4）按 Ctrl + O 组合键，打开光盘中的"Ch04 > 素材 > 制作彩虹 > 04"文件，选择"移动"工具，将文字拖曳到图像窗口的上方，效果如图 4-88 所示，在"图层"控制面板中生成新图层并将其命名为"装饰文字"。彩虹效果制作完成，如图 4-89 所示。

图 4-86

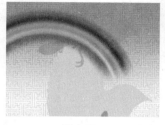
图 4-87

图 4-88

图 4-89

4.3.2　油漆桶工具

选择"油漆桶"工具，或反复按 Shift+G 组合键，其属性栏如图 4-90 所示。

图 4-90

图案：在其下拉列表中选择填充的是前景色或是图案。：用于选择定义好的图案。模式：用于选择着色的模式。不透明度：用于设定不透明度。容差：用于设定色差的范围，数值越小，容差越小，填充的区域也越小。消除锯齿：用于消除边缘锯齿。连续的：用于设定填充方式。所有图层：用于选择是否对所有可见层进行填充。

选择"油漆桶"工具，在其属性栏中对"容差"选项进行不同的设定，如图 4-91、图 4-92 所示，用油漆桶工具在图像中填充颜色，不同的填充效果如图 4-93、图 4-94 所示。

图 4-91

图 4-92

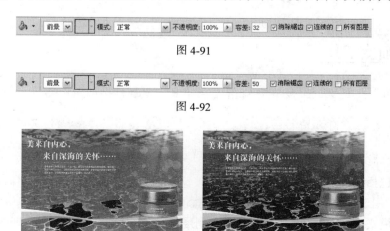

图 4-93　　　　　　　　　图 4-94

在油漆桶工具属性栏中设置图案，如图 4-95 所示，用油漆桶工具在图像中填充图案，效果如图 4-96 所示。

图 4-95

图 4-96

4.3.3　吸管工具

选择"吸管"工具 ，属性栏中的显示效果如图 4-97 所示。

提示　按 I 键或反复按 Shift+I 组合键可以调出"吸管"工具。

选择"吸管"工具 ，用鼠标在图像中需要的位置单击，当前的前景色将变为吸管吸取的颜色，在"信息"控制面板中将观察到吸取颜色的色彩信息，效果如图 4-98 所示。

图 4-97

图 4-98

4.3.4　渐变工具

选择"渐变"工具 ，或反复按 Shift+G 组合键，其属性栏如图 4-99 所示。

图 4-99

渐变工具包括线性渐变工具、径向渐变工具、角度渐变工具、对称渐变工具、菱形渐变工具。
：用于选择和编辑渐变的色彩。 ：用于选择各类型的渐变工具。模式：用于选择着色的模式。不透明度：用于设定不透明度。反向：用于反向产生色彩渐变的效果。仿色：用于使渐变更平滑。透明区域：用于产生不透明度。

如果自定义渐变形式和色彩，可单击"点按可编辑渐变"按钮 ，在弹出的"渐变编辑器"对话框中进行设置，如图4-100 所示。

在"渐变编辑器"对话框中，单击颜色编辑框下方的适当位置，可以增加颜色色标，如图 4-101 所示。颜色可以进行调整，可以在对话框下方的"颜色"选项中选择颜色，或双击刚建立的颜色色标，弹出"选择色标颜色"对话框，如图 4-102 所示，在其中选择适合的颜色，单击"确定"按钮，颜色即可改变。颜色的位置也可以进行调整，在"位置"选项的数值框中输入数值或用鼠标直接拖曳颜色色标，都可以调整颜色的位置。

图 4-100

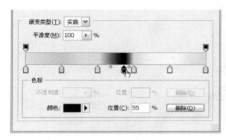

图 4-101

图 4-102

任意选择一个颜色色标，如图 4-103 所示，单击对话框下方的"删除"按钮 删除(D)，或按 Delete 键，可以将颜色色标删除，如图 4-104 所示。

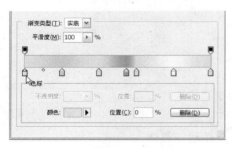

图 4-103

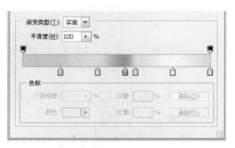

图 4-104

在对话框中单击颜色编辑框左上方的黑色色标，如图 4-105 所示，调整"不透明度"选项的数值，可以使开始的颜色到结束的颜色显示为半透明的效果，如图 4-106 所示。

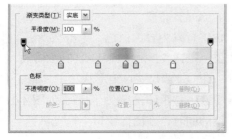

图 4-105

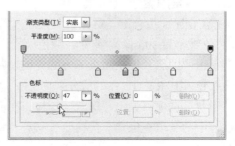

图 4-106

在对话框中单击颜色编辑框的上方，出现新的色标，如图 4-107 所示，调整"不透明度"选项的数值，可以使新色标的颜色向两边的颜色出现过度式的半透明效果，如图 4-108 所示。如果想删除新的色标，单击对话框下方的"删除"按钮 ▢删除(D)，或按 Delete 键，即可将其删除。

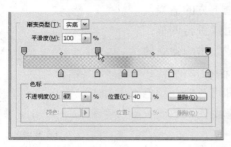
图 4-107

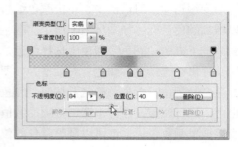
图 4-108

4.4　填充工具与描边命令

应用填充命令和定义图案命令可以为图像添加颜色和定义好的图案效果，应用描边命令可以为图像描边。

命令介绍

填充命令：可以对选定的区域进行填色。

定义图案命令：可以将选中的图像定义为图案，并用此图案进行填充。

描边命令：可以将选定区域的边缘用前景色描绘出来。

4.4.1　课堂案例——制作卡片背景

【案例学习目标】应用填充命令和定义图案命令制作卡片，使用填充和描边命令制作图形。

【案例知识要点】使用自定形状工具绘制图形，使用定义图案命令定义图案，使用填充命令为选区填充颜色，使用描边命令为选区添加边框，如图 4-109 所示。

【效果所在位置】光盘/Ch04/效果/制作卡片背景.psd。

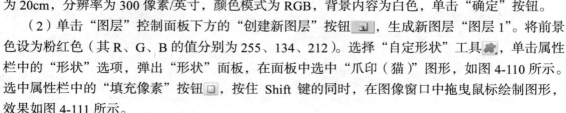
图 4-109

1．制作背景图案

（1）按 Ctrl + N 组合键，新建一个文件：宽度为 20cm，高度为 20cm，分辨率为 300 像素/英寸，颜色模式为 RGB，背景内容为白色，单击"确定"按钮。

（2）单击"图层"控制面板下方的"创建新图层"按钮 ▢，生成新图层"图层 1"。将前景色设为粉红色（其 R、G、B 的值分别为 255、134、212）。选择"自定形状"工具 ▨，单击属性栏中的"形状"选项，弹出"形状"面板，在面板中选中"爪印（猫）"图形，如图 4-110 所示。选中属性栏中的"填充像素"按钮 ▢，按住 Shift 键的同时，在图像窗口中拖曳鼠标绘制图形，效果如图 4-111 所示。

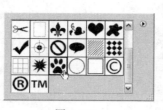

图 4-110   图 4-111

（3）单击"图层"控制面板下方的"创建新图层"按钮 ，生成新图层"图层 2"。选择"自定形状"工具 ，选项的设置同上，按住 Shift 键的同时，拖曳鼠标绘制图形。按 Ctrl+T 组合键，在图形周围出现变换框，将鼠标光标放在变换框的控制手柄外边，光标变为旋转图标 ，拖曳鼠标将图形旋转到适当的角度，如图 4-112 所示，按 Enter 键确定操作。

（4）单击"图层"控制面板下方的"创建新图层"按钮 ，生成新图层"图层 3"。选择"自定形状"工具 ，按住 Shift 键的同时，拖曳鼠标绘制图形，并用相同的方法将图形旋转到适当的角度，效果如图 4-113 所示。

（5）在"图层"控制面板中，按住 Ctrl 键的同时，选择"图层 1"、"图层 2"、"图层 3"，如图 4-114 所示，按 Ctrl+E 组合键，合并图层并将其命名为"图案"。单击"背景"图层左侧的眼睛图标 ，将"背景"图层隐藏，如图 4-115 所示。

图 4-112   图 4-113   图 4-114   图 4-115

（6）选择"矩形选框"工具 ，在图像窗口中绘制矩形选区，如图 4-116 所示。选择菜单"编辑 > 定义图案"命令，弹出"图案名称"对话框，进行设置，如图 4-117 所示，单击"确定"按钮。按 Delete 键，删除选区中的图像。按 Ctrl+D 组合键，取消选区。单击"背景"图层左侧的眼睛图标 ，显示出隐藏的图层。

图 4-116   图 4-117

（7）单击"图层"控制面板下方的"创建新的填充或调整图层"按钮 ，在弹出的菜单中选择"图案"命令，弹出"图案填充"对话框，进行设置，如图 4-118 所示，单击"确定"按钮，图像效果如图 4-119 所示。

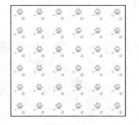

图 4-118　　　　　　　　　　　　图 4-119

（8）在"图层"控制面板上方，将"图案"图层的"不透明度"选项设为 30%，如图 4-120 所示，效果如图 4-121 所示。

图 4-120　　　　　　　　　　　　图 4-121

2．添加装饰图案

（1）单击"图层"控制面板下方的"创建新图层"按钮 ，生成新图层并将其命名为"白色填充"。选择"矩形选框"工具 ，在图像窗口中绘制选区。在选区中单击鼠标右键，在弹出的菜单中选择"自由变换"命令，选区周围出现变换框，将鼠标光标放在变换框的控制手柄外边，光标变为旋转图标 ，拖曳鼠标将选区旋转到适当的角度，按 Enter 键确定操作，图像效果如图 4-122 所示。

（2）选择菜单"编辑 > 填充"命令，在弹出的"填充"对话框中进行设置，如图 4-123 所示，单击"确定"按钮，效果如图 4-124 所示，保留选区。

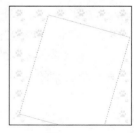

图 4-122　　　　　　　　图 4-123　　　　　　　　图 4-124

（3）单击"图层"控制面板下方的"创建新图层"按钮 ，生成新图层并将其命名为"边框"。选择菜单"编辑 > 描边"命令，在弹出的"描边"对话框中进行设置，如图 4-125 所示，单击"确定"按钮，取消选区，效果如图 4-126 所示。

（4）按 Ctrl + O 组合键，打开光盘中的"Ch04 > 素材 > 制作卡片背景 > 01"文件，选择"移动"工具 ，将图片拖曳到图像窗口中，效果如图 4-127 所示，在"图层"控制面板中生成新图层并将其命名为"人物"。卡片背景效果制作完成。

图 4-125

图 4-126

图 4-127

4.4.2　填充命令

填充命令对话框：选择菜单"编辑 > 填充"命令，弹出"填充"对话框，如图 4-128 所示。

使用：用于选择填充方式，包括使用前景色、背景色、颜色、内容识别、图案、历史记录、黑色、50%灰色、白色进行填充。模式：用于设置填充模式。不透明度：用于调整不透明度。

填充颜色：在图像中绘制选区，如图 4-129 所示。

图 4-128

选择菜单"编辑 > 填充"命令，弹出"填充"对话框，进行设置后效果如图 4-130 所示，单击"确定"按钮，填充的效果如图 4-131 所示。

图 4-129

图 4-130

图 4-131

技巧　按 Alt+Backspace 组合键，将使用前景色填充选区或图层。按 Ctrl+Backspace 组合键，将使用背景色填充选区或图层。按 Delete 键，将删除选区中的图像，露出背景色或下面的图像。

4.4.3　自定义图案

在图像上绘制出要定义为图案的选区，如图 4-132 所示，选择菜单"编辑 > 定义图案"命令，弹出"图案名称"对话框，如图 4-133 所示，单击"确定"按钮，图案定义完成。按 Ctrl+D 组合键，取消选区。

图 4-132

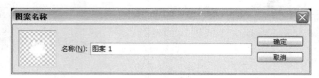
图 4-133

选择菜单"编辑 > 填充"命令，弹出"填充"对话框，在"自定图案"选择框中选择新定义的图案，如图 4-134 所示，单击"确定"按钮，图案填充的效果如图 4-135 所示。

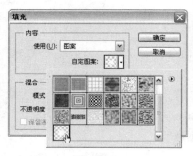
图 4-134

图 4-135

在"填充"对话框的"模式"选项中选择不同的填充模式，如图 4-136 所示，单击"确定"按钮，填充的效果如图 4-137 所示。

图 4-136

图 4-137

4.4.4 描边命令

描边命令：选择菜单"编辑 > 描边"命令，弹出"描边"对话框，如图 4-138 所示。

描边：用于设定边线的宽度和边线的颜色。位置：用于设定所描边线相对于区域边缘的位置，包括内部、居中和居外 3 个选项。混合：用于设置描边模式和不透明度。

制作描边效果：选中要描边的文字，生成选区，效果如图 4-139 所示。选择菜单"编辑 > 描边"命令，弹出"描边"对话框，如

图 4-138

图 4-140 所示进行设定，单击"确定"按钮，按 Ctrl+D 组合键，取消选区，文字描边的效果如图 4-141 所示。

图 4-139　　　　　　　　图 4-140　　　　　　　　图 4-141

如果在"描边"对话框中，将"模式"选项设置为"差值"，如图 4-142 所示，单击"确定"按钮，按 Ctrl+D 组合键，取消选区，文字描边的效果如图 4-143 所示。

图 4-142　　　　　　　　图 4-143

课堂练习——制作风景油画

【练习知识要点】使用历史记录艺术画笔工具制作涂抹效果。使用色相/饱和度命令调整图片颜色。使用去色命令将图片去色。使用浮雕效果滤镜为图片添加浮雕效果。使用横排文字工具添加文字。风景油画效果如图 4-144 所示。

【效果所在位置】光盘/Ch04/效果/制作风景油画.psd。

图 4-144

课后习题——绘制卡通按钮

【习题知识要点】使用定义图案命令、不透明度命令制作背景。使用椭圆选框工具、图层样式命令制作按钮图形。使用椭圆工具、画笔工具、描边路径命令、添加图层蒙版命令制作高光图形。使用横排文字工具添加文字。卡通按钮效果如图 4-145 所示。

【效果所在位置】光盘/Ch04/效果/绘制卡通按钮.psd。

图 4-145

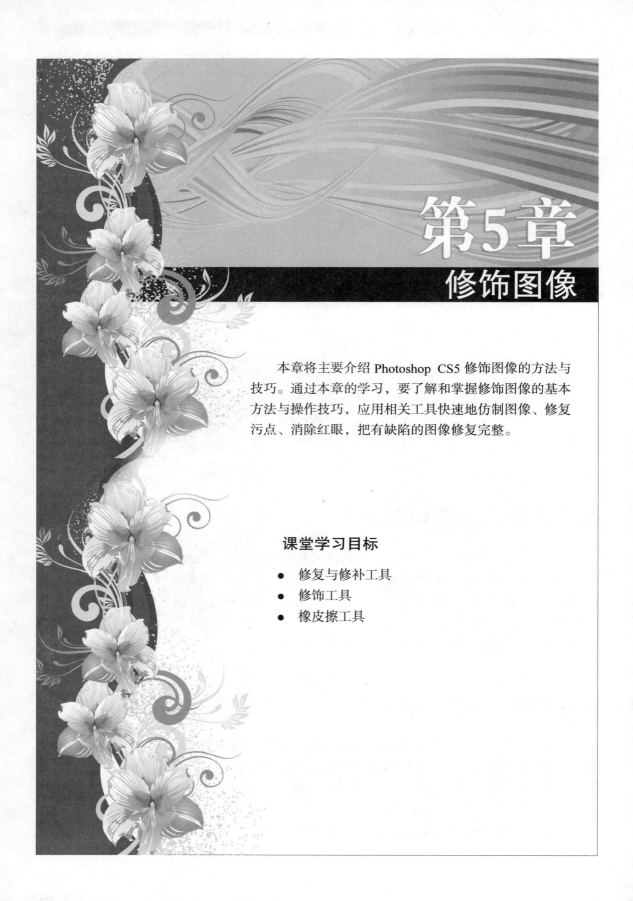

第5章
修饰图像

本章将主要介绍 Photoshop CS5 修饰图像的方法与技巧。通过本章的学习，要了解和掌握修饰图像的基本方法与操作技巧，应用相关工具快速地仿制图像、修复污点、消除红眼，把有缺陷的图像修复完整。

课堂学习目标

- 修复与修补工具
- 修饰工具
- 橡皮擦工具

5.1　修复与修补工具

修图工具用于对图像的细微部分进行修整，是在处理图像时不可缺少的工具。

命令介绍

修补工具：可以用图像中的其他区域来修补当前选中的需要修补的区域，也可以使用图案来修补区域。

5.1.1　课堂案例——修复水上运动图片

【案例学习目标】学习使用修图工具修复图像。

【案例知识要点】使用修补工具修复图像，如图 5-1 所示。

【效果所在位置】光盘/Ch05/效果/修复水上运动图片.psd。

（1）按 Ctrl + O 组合键，打开光盘中的"Ch05 > 素材 > 修复水上运动图片 > 01"文件，图像效果如图 5-2 所示。

（2）选择"修补"工具 ，属性栏中的设置如图 5-3 所示，在图像窗口中拖曳鼠标圈选杂物区域，生成选区，如图 5-4 所示。在选区中单击并按住鼠标不放，将选区拖曳到左上方无杂物的位置，如图 5-5 所示，松开鼠标，选区中的杂物图像被新放置的选取位置的海水图像所修补。按 Ctrl+D 组合键，取消选区，效果如图 5-6 所示。

图 5-1

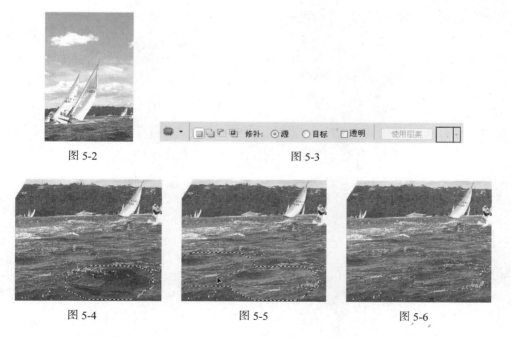

图 5-2　　　　　　　　　　　　　　　　图 5-3

图 5-4　　　　　　　　　图 5-5　　　　　　　　　图 5-6

（3）再次选择"修补"工具 ，在图像窗口中拖曳鼠标圈选杂物区域，如图 5-7 所示。在选区中单击并按住鼠标不放，将选区拖曳到窗口中无杂物的位置，如图 5-8 所示，释放鼠标，选区

中的杂物图像被新放置的选取位置的海水图像所修补。按 Ctrl+D 组合键，取消选区，效果如图
5-9 所示。

图 5-7 　　　　　　　　　　图 5-8 　　　　　　　　　　图 5-9

（4）选择"修补"工具，在图像窗口的文字区域拖曳鼠标绘制选区，如图 5-10 所示。在
选区中单击并按住鼠标不放，将选区拖曳到适当的位置，如图 5-11 所示，释放鼠标，选区中的文
字被新放置的选取位置的图像所修补。按 Ctrl+D 组合键，取消选区，效果如图 5-12 所示。

图 5-10 　　　　　　　　　图 5-11 　　　　　　　　　图 5-12

（5）用相同的方法，使用"修补"工具去除图像窗口中的其他文字，效果如图 5-13 所示。
水上运动图片修复完成，如图 5-14 所示。

图 5-13 　　　　　　　　　　图 5-14

5.1.2　修补工具

修补工具：选择"修补"工具，或反复按 Shift+J 组合键，其属性栏如图 5-15 所示。

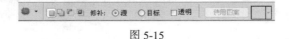

图 5-15

新选区：去除旧选区，绘制新选区。添加到选区：在原有选区的上面再增加新的选区。

从选区减去 ：在原有选区上减去新选区的部分。与选区交叉 ：选择新旧选区重叠的部分。

　　使用修补工具：用"修补"工具 圈选图像中的化妆品，如图 5-16 所示。选择修补工具属性栏中的"源"选项，在选区中单击并按住鼠标不放，移动鼠标将选区中的图像拖曳到需要的位置，如图 5-17 所示。释放鼠标，选区中的化妆品被新放置的选取位置的图像所修补，效果如图 5-18 所示。

图 5-16　　　　　　　　　　图 5-17　　　　　　　　　　图 5-18

　　按 Ctrl+D 组合键，取消选区，修补的效果如图 5-19 所示。选择修补工具属性栏中的"目标"选项，用"修补"工具 圈选图像中的区域，如图 5-20 所示。再将选区拖曳到要修补的图像区域，如图 5-21 所示，圈选区域中的图像修补了化妆品图像，如图 5-22 所示。按 Ctrl+D 组合键，取消选区，修补效果如图 5-23 所示。

图 5-19　　　　　　　　　　图 5-20　　　　　　　　　　图 5-21

图 5-22　　　　　　　　　　图 5-23

5.1.3　修复画笔工具

修复画笔工具：选择"修复画笔"工具 ，或反复按 Shift+J 组合键，属性栏如图 5-24 所示。

图 5-24

模式：在其弹出菜单中可以选择复制像素或填充图案与底图的混合模式。源：选择"取样"选项后，按住 Alt 键，鼠标光标变为圆形十字图标，单击定下样本的取样点，释放鼠标，在图像中要修复的位置单击并按住鼠标不放，拖曳鼠标复制出取样点的图像；选择"图案"选项后，在"图案"面板中选择图案或自定义图案来填充图像。对齐：勾选此复选框，下一次的复制位置会和上次的完全重合，图像不会因为重新复制而出现错位。

　　设置修复画笔：可以选择修复画笔的大小。单击"画笔"选项右侧的按钮，在弹出的"画笔"面板中，可以设置画笔的直径、硬度、间距、角度、圆度和压力大小，如图 5-25 所示。

　　使用修复画笔工具："修复画笔"工具可以将取样点的像素信息非常自然的复制到图像的破损位置，并保持图像的亮

图 5-25

度、饱和度、纹理等属性。使用"修复画笔"工具修复照片的过程如图 5-26、图 5-27、图 5-28 所示。

图 5-26　　　　　　　　　　　图 5-27　　　　　　　　　　　图 5-28

5.1.4　图案图章工具

　　图案图章工具：图案图章工具可以以预先定义的图案为复制对象进行复制。选择"图案图章"工具，或反复按 Shift+S 组合键，其属性栏如图 5-29 所示。

图 5-29

　　使用图案图章工具：选择"图案图章"工具，在要定义为图案的图像上绘制选区，如图 5-30所示。选择菜单"编辑 > 定义图案"命令，弹出"图案名称"对话框，如图 5-31 所示，单击"确定"按钮，定义选区中的图像为图案。

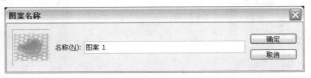

图 5-30　　　　　　　　　　　　　　图 5-31

在图案图章工具属性栏中选择定义好的图案，如图 5-32 所示，按 Ctrl+D 组合键，取消图像中的选区。选择"图案图章"工具，在合适的位置单击并按住鼠标不放，拖曳鼠标复制出定义好的图案，效果如图 5-33 所示。

图 5-32   图 5-33

5.1.5 颜色替换工具

颜色替换工具：颜色替换工具能够简化图像中特定颜色的替换。可以使用校正颜色在目标颜色上绘画。颜色替换工具不适用于"位图"、"索引"或"多通道"颜色模式的图像。

选择"颜色替换"工具，其属性栏如图 5-34 所示。

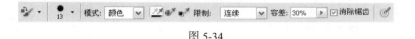

图 5-34

使用颜色替换工具：原始图像的效果如图 5-35 所示，调出"颜色"控制面板和"色板"控制面板，在"颜色"控制面板中设置前景色，如图 5-36 所示，在"色板"控制面板中单击"创建前景色的新色板"按钮，将设置的前景色存放在控制面板中，如图 5-37 所示。

图 5-35   图 5-36   图 5-37

选择"颜色替换"工具，在属性栏中进行设置，如图 5-38 所示，在图像上需要上色的区域直接涂抹，进行上色，效果如图 5-39 所示。

图 5-38   图 5-39

命令介绍

仿制图章工具：可以以指定的像素点为复制基准点，将其周围的图像复制到其他地方。

红眼工具：可去除用闪光灯拍摄的人物照片中的红眼，也可以去除用闪光灯拍摄的照片中的白色或绿色反光。

模糊工具：可以使图像的色彩变模糊。

污点修复画笔工具：其工作方式与修复画笔工具相似，使用图像中的样本像素进行绘画，并将样本像素的纹理、光照、透明度和阴影与所修复的像素相匹配。

5.1.6 课堂案例——修复人物照片

【案例学习目标】学习多种修图工具修复人物照片。

【案例知识要点】使用缩放命令调整图像大小，使用红眼工具去除人物红眼，使用仿制图章工具修复人物图像上的斑纹，使用模糊工具模糊图像，使用污点修复画笔工具修复人物胳膊上的斑纹，如图 5-40 所示。

【效果所在位置】光盘/Ch05/效果/修复人物照片.psd。

图 5-40

1. 修复人物红眼

（1）按 Ctrl + O 组合键，打开光盘中的"Ch05 > 素材 > 修复人物照片 > 01"文件，图像效果如图 5-41 所示。选择"缩放"工具 🔍，在图像窗口中鼠标光标变为放大工具图标⊕，单击鼠标将图像放大，效果如图 5-42 所示。

（2）选择"红眼"工具 ⁺ₒ，属性栏中的设置为默认值，如图 5-43 所示，在人物眼睛上的红色区域单击鼠标，去除红眼，效果如图 5-44 所示。

图 5-41   图 5-42   图 5-43   图 5-44

2. 修复人物脸部斑纹

（1）选择"仿制图章"工具 🩹，在属性栏中单击"画笔"选项右侧的按钮，弹出画笔选择面板，在面板中选择需要的画笔形状，将"大小"选项设为 65px，如图 5-45 所示。将仿制图章工具放在脸部需要取样的位置，按住 Alt 键，鼠标光标变为圆形十字图标⊕，如图 5-46 所示，单击鼠标确定取样点。将鼠标光标放置在需要修复的斑纹上，如图 5-47 所示，单击鼠标去掉斑纹，效果如图 5-48 所示。用相同的方法，去除人物脸部的所有斑纹，效果如图 5-49 所示。

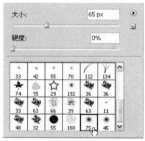

图 5-45

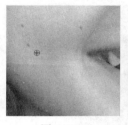

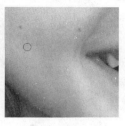

图 5-46　　　　　　　　图 5-47　　　　　　　　图 5-48　　　　　　　　图 5-49

（2）选择"模糊"工具 ，在属性栏中将"强度"选项设为 100%，如图 5-50 所示。单击"画笔"选项右侧的按钮 ，弹出画笔选择面板，在面板中选择需要的画笔形状，将"大小"选项设为 100px，如图 5-51 所示。在人物脸部涂抹，让脸部图像变得自然柔和，效果如图 5-52 所示。

图 5-50

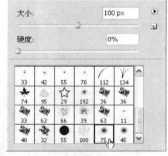

图 5-51　　　　　　　　　　　　图 5-52

（3）选择"缩放"工具 ，在图像窗口中单击鼠标将图像放大，效果如图 5-53 所示。选择"污点修复画笔"工具 ，单击"画笔"选项右侧的按钮 ，弹出画笔选择面板，在面板中进行设置，如图 5-54 所示。属性栏中的设置如图 5-55 所示。人物胳膊上的斑纹如图 5-56 所示，用鼠标在斑纹上单击，如图 5-57 所示，斑纹被清除，如图 5-58 所示。用相同的方法清除胳膊上的其他斑纹。人物照片效果修复完成，如图 5-59 所示。

图 5-53　　　　　　　　　　图 5-54

图 5-55

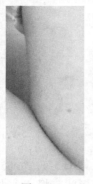
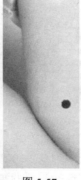
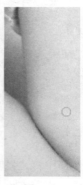

图 5-56　　　　　　图 5-57　　　　　　图 5-58　　　　　　图 5-59

5.1.7　仿制图章工具

仿制图章工具：选择"仿制图章"工具，或反复按 Shift+S 组合键，其属性栏如图 5-60 所示。

图 5-60

画笔：用于选择画笔。模式：用于选择混合模式。不透明度：用于设定不透明度。流量：用于设定扩散的速度。对齐：用于控制是否在复制时使用对齐功能。

使用仿制图章工具：选择"仿制图章"工具，将"仿制图章"工具放在图像中需要复制的位置，按住 Alt 键，鼠标光标变为圆形十字图标⊕，如图 5-61 所示，单击定下取样点，释放鼠标，在合适的位置单击并按住鼠标不放，拖曳鼠标复制出取样点的图像，效果如图 5-62 所示。

图 5-61　　　　　　图 5-62

5.1.8　红眼工具

选择"红眼"工具，或反复按 Shift+J 组合键，其属性栏如图 5-63 所示。

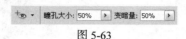

图 5-63

瞳孔大小：用于设置瞳孔的大小。变暗量：用于设置瞳孔的暗度。

5.1.9　模糊工具

模糊工具：选择"模糊"工具，或反复按 Shift+R 组合键，其属性栏如图 5-64 所示。

图 5-64

画笔：用于选择画笔的形状。模式：用于设定模式。强度：用于设定压力的大小。

对所有图层取样：用于确定模糊工具是否对所有可见层起作用。

使用模糊工具：选择"模糊"工具 ，在模糊工具属性栏中，如图 5-65 所示进行设定，在图像中单击并按住鼠标不放，拖曳鼠标使图像产生模糊的效果。原图像和模糊后的图像效果如图5-66、图 5-67 所示。

图 5-65　　　　　　　　　　　　　图 5-66　　　　　　图 5-67

5.1.10　污点修复画笔工具

污点修复画笔工具：污点修复画笔工具不需要制定样本点，将自动从所修复区域的周围取样。选择"污点修复画笔"工具 ，或反复按 Shift+J 组合键，属性栏如图 5-68 所示。

图 5-68

使用污点修复画笔工具：原始图像如图 5-69 所示，选择"污点修复画笔"工具 ，在"污点修复画笔"工具属性栏中，如图 5-70 所示进行设定，在要修复的污点图像上拖曳鼠标，如图5-71 所示，释放鼠标，污点被去除，效果如图 5-72 所示。

图 5-70

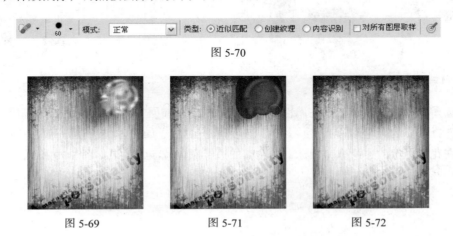

图 5-69　　　　　　　　图 5-71　　　　　　　　图 5-72

5.2　修饰工具

修饰工具用于对图像进行修饰，使图像产生不同的变化效果。

命令介绍

锐化工具：可以使图像的色彩变强烈。

加深工具：可以使图像的区域变暗。

减淡工具：可以使图像的亮度提高。

5.2.1 课堂案例——制作装饰画

【案例学习目标】使用多种修饰工具调整图像颜色。

【案例知识要点】使用加深工具、减淡工具、锐化工具和涂抹工具
制作图像，如图 5-73 所示。

【效果所在位置】光盘/Ch05/效果/制作装饰画.psd。

（1）按 Ctrl + O 组合键，打开光盘中的"Ch05 > 素材 > 制作装饰
画 > 01"文件，图像效果如图 5-74 所示。按 Ctrl + O 组合键，打开光盘
中的"Ch05 > 素材 > 制作装饰画 > 02"文件，选择"移动"工具，

图 5-73

将花朵图片拖曳到杯子图像的下方位置，效果如图 5-75 所示，在"图层"控制面板中生成新的图
层并将其命名为"花朵"。

（2）选择"加深"工具，在属性栏中单击"画笔"选项右侧的按钮，弹出画笔选择面板，
在面板中选择需要的画笔形状，将"大小"选项设为 125px，如图 5-76 所示。属性栏中的设置为
默认值，在花朵图像上拖曳鼠标，加深图像的颜色，效果如图 5-77 所示。

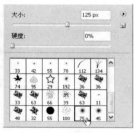

图 5-74 　　　　　图 5-75 　　　　　图 5-76 　　　　　图 5-77

（3）选择"减淡"工具，在属性栏中单击"画笔"选项右侧的按钮，弹出画笔选择面板，
在面板中选择需要的画笔形状，将"大小"选项设为 65px，如图 5-78 所示。属性栏中的设置为
默认值，在花瓣图像的边缘拖曳鼠标，将花瓣的边缘颜色减淡，效果如图 5-79 所示。

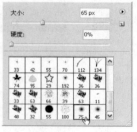

图 5-78 　　　　　　　　　图 5-79

（4）选择"锐化"工具 △，在属性栏中单击"画笔"选项右侧的按钮 ，弹出画笔选择面板，在面板中选择需要的画笔形状，将"大小"选项设为 100px，如图 5-80 所示。属性栏中的设置为默认值，在花蕊上拖曳鼠标，将花蕊部分的图像锐化，效果如图 5-81 所示。

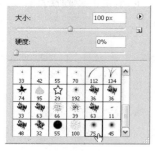

图 5-80

图 5-81

（5）选择"模糊"工具 ，画笔选项的设置同上，在属性栏中的设置为默认值，在花朵图像上拖曳鼠标，将花朵图像进行模糊处理，效果如图 5-82 所示。

（6）按 Ctrl + O 组合键，打开光盘中的"Ch05 > 素材 > 制作装饰画 > 03"文件，选择"移动"工具 ，将文字拖曳到图像窗口的左上方，效果如图 5-83 所示，在"图层"控制面板中生成新的图层并将其命名为"文字"。装饰画效果制作完成。

图 5-82

图 5-83

5.2.2 锐化工具

锐化工具：选择"锐化"工具 △，或反复按 Shift+R 组合键，属性栏如图 5-84 所示。其属性栏中的内容与模糊工具属性栏的选项内容类似。

图 5-84

使用锐化工具：选择"锐化"工具 △，在锐化工具属性栏中，如图 5-85 所示进行设定，在图像中的字母上单击并按住鼠标不放，拖曳鼠标使字母图像产生锐化的效果。原图像和锐化后的图像效果如图 5-86、图 5-87 所示。

图 5-85

图 5-86

图 5-87

5.2.3 加深工具

加深工具：选择"加深"工具 ，或反复按 Shift+O 组合键，其属性栏如图 5-88 所示。其属性栏中的内容与减淡工具属性栏选项内容的作用正好相反。

图 5-88

使用加深工具：选择"加深"工具 ，在加深工具属性栏中，如图 5-89 所示进行设定，在图像中人物的眼影部分单击并按住鼠标不放，拖曳鼠标使眼影图像产生加深的效果。原图像和加深后的图像效果如图 5-90 和图 5-91 所示。

图 5-89   图 5-90   图 5-91

5.2.4 减淡工具

减淡工具：选择"减淡"工具 ，或反复按 Shift+O 组合键，其属性栏如图 5-92 所示。

图 5-92

画笔：用于选择画笔的形状。范围：用于设定图像中所要提高亮度的区域。曝光度：用于设定曝光的强度。

使用减淡工具：选择"减淡"工具 ，在减淡工具属性栏中，如图 5-93 所示进行设定，在图像中人物的眼影部分单击并按住鼠标不放，拖曳鼠标使眼影图像产生减淡的效果。原图像和减淡后的图像效果如图 5-94 和图 5-95 所示。

图 5-93   图 5-94   图 5-95

5.2.5　海绵工具

海绵工具：选择"海绵"工具 ，或反复按 Shift+O 组合键，其属性栏如图 5-96 所示。

图 5-96

画笔：用于选择画笔的形状。模式：用于设定饱和度处理方式。流量：用于设定扩散的速度。

使用海绵工具：选择"海绵"工具 ，在海绵工具属性栏中，如图 5-97 所示进行设定，在图像中人物的嘴唇部分单击并按住鼠标不放，拖曳鼠标使嘴唇图像增加色彩饱和度。原图像和使用海绵工具后的图像效果如图 5-98、图 5-99 所示。

图 5-97　　　　　　　　　　　　　图 5-98　　　　　　图 5-99

5.2.6　涂抹工具

涂抹工具：选择"涂抹"工具 ，或反复按 Shift+R 组合键，其属性栏如图 5-100 所示。其属性栏中的内容与模糊工具属性栏的选项内容类似，增加的"手指绘画"复选框，用于设定是否按前景色进行涂抹。

图 5-100

使用涂抹工具：选择"涂抹"工具 ，在涂抹工具属性栏中，如图 5-101 所示进行设定，在图像中人物的头发部分单击并按住鼠标不放，拖曳鼠标使头发产生卷曲的效果。原图像和涂抹后的图像效果如图 5-102 和图 5-103 所示。

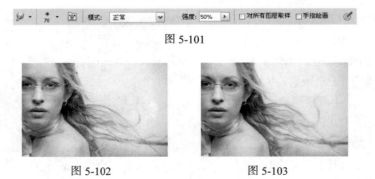

图 5-101

图 5-102　　　　　　　　　　图 5-103

5.3　橡皮擦工具

擦除工具包括橡皮擦工具、背景橡皮擦工具和魔术橡皮擦工具，应用擦除工具可以擦除指定图像的颜色，还可以擦除颜色相近区域中的图像。

命令介绍

橡皮擦工具：可以用背景色擦除背景图像或用透明色擦除图层中的图像。

5.3.1　课堂案例——制作文字的变形效果

【案例学习目标】学习使用绘图工具绘制图形，使用擦除工具擦除多余的图像。

【案例知识要点】使用文字工具添加文字，使用矩形选框工具绘制选区，使用自定形状工具制作装饰图形，使用画笔描边路径为路径进行描边，如图 5-104 所示。

【效果所在位置】光盘/Ch05/效果/制作文字的变形效果.psd。

图 5-104

1. 制作装饰图形

（1）按 Ctrl + O 组合键，打开光盘中的"Ch05 > 素材 > 制作文字的变形效果 > 01"文件，图像效果如图 5-105 所示。选择"横排文字"工具 T，在属性栏中选择合适的字体并设置大小，在图像窗口中鼠标光标变为 I 图标，单击鼠标，此时出现一个文字的插入点，输入需要的白色文字，如图 5-106 所示，在控制面板中生成新的文字图层，如图 5-107 所示。

图 5-105

图 5-106

图 5-107

（2）在文字图层上单击鼠标右键，在弹出的菜单中选择"栅格化文字"命令，将文字图层转换为图像图层，如图 5-108 所示。单击"图层"控制面板下方的"创建新图层"按钮 ，生成新图层并将其命名为"矩形"。选择"矩形选框"工具 ，选中属性栏中的"添加到选区"按钮 ，

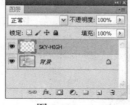
图 5-108

图 5-109

在字母"S"的上方和下方分别绘制选区，如图 5-109 所示。

（3）按 D 键，将工具箱中的前景色和背景色恢复为默认的黑白两色。按 Ctrl+Delete 组合键，用白色填充选区，按 Ctrl+D 组合键，取消选区，效果如图 5-110 所示。选择"缩放"工具 🔍，在图像窗口中鼠标光标变为放大工具 ⊕，单击鼠标放大图像，效果如图 5-111 所示。

图 5-110

图 5-111

（4）选择"橡皮擦"工具 ✐，在属性栏中单击"画笔"选项右侧的按钮 ·，弹出画笔选择面板，在面板中选择需要的画笔形状，将"大小"选项设为 60px，如图 5-112 所示。属性栏中的设置为默认值，拖曳鼠标擦除字母"S"上多余的白色块，效果如图 5-113 所示。

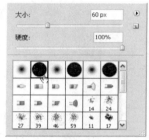

图 5-112

图 5-113

（5）单击"图层"控制面板下方的"创建新图层"按钮 ⬚，生成新的图层并将其命名为"矩形 2"。选择"矩形选框"工具 ⬚，在字母"K"的上方和下方分别绘制选区，如图 5-114 所示。按 Ctrl+Delete 组合键，用白色填充选区，按 Ctrl+D 组合键，取消选区。选择"缩放"工具 🔍，在图像窗口中鼠标光标变为放大工具 ⊕，单击鼠标放大图像，如图 5-115 所示。

图 5-114

图 5-115

（6）选择"橡皮擦"工具 ✐，选项的设置同上，在图像窗口中拖曳鼠标擦除字母"K"上多余的白色块，效果如图 5-116 所示。

（7）单击"图层"控制面板下方的"创建新图层"按钮 ⬚，生成新的图层并将其命名为"矩形 3"。选择"矩形选框"工具 ⬚，选中属性栏中的"添加到选区"按钮 ⬚，在图像窗口中绘制多个选区，如图 5-117 所示。用前景色填充选区后取消选区，效果如图 5-118 所示。

图 5-116　　　　　　　　　　图 5-117　　　　　　　　　　图 5-118

（8）单击"图层"控制面板下方的"创建新图层"按钮 ，生成新的图层并将其命名为"矩形 4"。选择"矩形选框"工具 ，在字母"G"的上方绘制选区。用白色填充选区后取消选区，效果如图 5-119 所示。选择"橡皮擦"工具 ，选项的设置同上，在字母"G"上拖曳鼠标擦除多余的白色块，效果如图 5-120 所示。

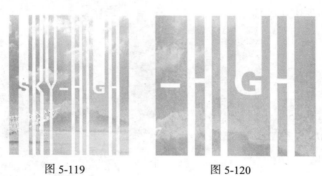

图 5-119　　　　　　　　　　图 5-120

2. 制作鸟图形

（1）单击"图层"控制面板下方的"创建新图层"按钮 ，生成新图层并将其命名为"白色描边"。选择"自定形状"工具 ，单击属性栏中的"形状"选项，弹出"形状"面板，单击面板右上方的按钮 ，在弹出的菜单中选择"动物"选项，弹出提示对话框，单击"追加"按钮。在"形状"面板中选中"鸟 2"图形，如图 5-121 所示。在属性栏中选中"路径"按钮 ，在图像窗口中绘制路径，效果如图 5-122 所示。

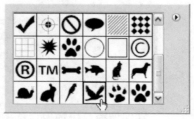 

图 5-121　　　　　　　　　　图 5-122

（2）选择"画笔"工具 ，在属性栏中单击"画笔"选项右侧的按钮 ，弹出画笔选择面板，在面板中选择需要的画笔形状，将"大小"选项设为 16px，如图 5-123 所示。单击"路径"控制面板下方的"用画笔描边路径"按钮 ⊙，在控制面板空白处单击鼠标隐藏路径，如图 5-124 所示，图像效果如图 5-125 所示。

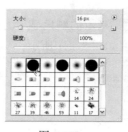
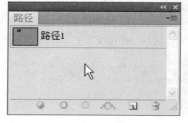

图 5-123　　　　　　　　　　图 5-124　　　　　　　　　　图 5-125

（3）按 Ctrl + O 组合键，打开光盘中的"Ch05 > 素材 > 制作文字的变形效果 > 02"文件，选择"移动"工具 ，将文字拖曳到图像窗口的左上方，效果如图 5-126 所示，在"图层"控制面板中生成新图层并将其命名为"文字说明"。文字的变形效果制作完成，如图 5-127 所示。

图 5-126　　　　　　　　　　图 5-127

5.3.2　橡皮擦工具

橡皮擦工具：选择"橡皮擦"工具 ，或反复按 Shift+E 组合键，其属性栏如图 5-128 所示。

图 5-128

画笔：用于选择橡皮擦的形状和大小。模式：用于选择擦除的笔触方式。不透明度：用于设定不透明度。流量：用于设定扩散的速度。抹到历史记录：用于确定以"历史"控制面板中确定的图像状态来擦除图像。

使用橡皮擦工具：选择"橡皮擦"工具 ，在图像中单击并按住鼠标拖曳，可以擦除图像。用背景色的白色擦除图像后效果如图 5-129 所示。用透明色擦除图像后效果如图 5-130 所示。

图 5-129　　　　　　　　　　图 5-130

5.3.3 背景色橡皮擦工具

背景色橡皮擦工具：背景色橡皮擦工具可以用来擦除指定的颜色，指定的颜色显示为背景色。选择"背景色橡皮擦"工具 ，或反复按 Shift+E 组合键，其属性栏如图 5-131 所示。

图 5-131

画笔：用于选择橡皮擦的形状和大小。限制：用于选择擦除界限。容差：用于设定容差值。保护前景色：用于保护前景色不被擦除。

使用背景色橡皮擦工具：选择"背景色橡皮擦"工具 ，在背景色橡皮擦工具属性栏中，如图 5-132 所示进行设定，在图像中使用背景色橡皮擦工具擦除图像，擦除前后的对比效果如图 5-133、图 5-134 所示。

图 5-132

图 5-133

图 5-134

5.3.4 魔术橡皮擦工具

魔术橡皮擦工具：魔术橡皮擦工具可以自动擦除颜色相近区域中的图像。选择"魔术橡皮擦"工具 ，或反复按 Shift+E 组合键，其属性栏如图 5-135 所示。

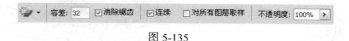

图 5-135

容差：用于设定容差值，容差值的大小决定"魔术橡皮擦"工具擦除图像的面积。消除锯齿：用于消除锯齿。连续：作用于当前层。对所有图层取样：作用于所有层。不透明度：用于设定不透明度。

使用魔术橡皮擦工具：选择"魔术橡皮擦"工具 ，魔术橡皮擦工具属性栏中的选项为默认值,用"魔术橡皮擦"工具擦除图像,效果如图 5-136所示。

图 5-136

课堂练习——清除照片中的涂鸦

【练习知识要点】使用修复画笔工具清除文字。清除照片中的涂鸦效果如图 5-137 所示。

【效果所在位置】光盘/Ch05/效果/清除照片中的涂鸦.psd。

图 5-137

课后习题——花中梦精灵

【习题知识要点】使用红眼工具去除孩子的红眼。使用加深工具和减淡工具改变花图形的颜色。花中梦精灵效果如图 5-138 所示。

【效果所在位置】光盘/Ch05/效果/花中梦精灵.psd。

图 5-138

第6章

编辑图像

本章将主要介绍 Photoshop CS5 编辑图像的基础方法，包括应用图像编辑工具、调整图像的尺寸、移动或复制图像、裁剪图像、变换图像等。通过本章的学习，要了解并掌握图像的编辑方法和应用技巧，快速地应用命令对图像进行适当的编辑与调整。

课堂学习目标

- 图像编辑工具
- 图像的移动、复制和删除
- 图像的裁切和图像的变换

6.1　图像编辑工具

使用图像编辑工具对图像进行编辑和整理，可以提高用户编辑和处理图像的效率。

命令介绍

标尺工具：可以在图像中测量任意两点之间的距离，并可以用来测量角度。

附注工具：可以为图像增加文字注释，从而起到提示作用。

6.1.1　课堂案例——修正地平线并添加注释

【案例学习目标】学习使用图像编辑工具对图像进行裁剪编辑。

【案例知识要点】使用标尺工具、任意角度命令、裁剪工具制作人物照片。使用注释工具为图像添加注释，使用添加图层样式命令为照片添加特殊效果，如图 6-1 所示。

【效果所在位置】光盘/Ch06/效果/修正地平线并添加注释.psd。

图 6-1

1. 修正图像的地平线

（1）按 Ctrl + O 组合键，打开光盘中的"Ch06 > 素材 > 修正地平线并添加注释 > 01"文件，图像效果如图 6-2 所示。选择"标尺"工具，在图像窗口的左侧单击鼠标确定测量的起点，向右拖曳鼠标出现测量的线段，再次单击鼠标，确定测量的终点，如图 6-3 所示，在"信息"控制面板中出现相关信息，如图 6-4 所示。

图 6-2

图 6-3

图 6-4

（2）选择菜单"图像 > 图像旋转 > 任意角度"命令，在弹出的"旋转画布"对话框中进行设置，如图 6-5 所示，单击"确定"按钮，效果如图 6-6 所示。

（3）选择"裁剪"工具，在图像窗口中拖曳鼠标，绘制矩形裁切框，效果如图 6-7 所示，按 Enter 键确定操作，效果如图 6-8 所示。

图 6-5

图 6-6

图 6-7

图 6-8

2．为照片添加样式和注释

（1）在"图层"控制面板中，用鼠标双击"背景"图层，弹出"新建图层"对话框，在对话框中进行设置，如图 6-9 所示，单击"确定"按钮，控制面板中的效果如图 6-10 所示。

（2）单击"图层"控制面板下方的"创建新图层"按钮 ，生成新图层"图层 1"。选择菜单"图层 > 新建 > 图层背景"命令，效果如图 6-11 所示。

图 6-9

图 6-10

图 6-11

（3）选择"人物照片"图层。按 Ctrl+T 组合键，图像周围出现变换框，按住 Shift+Alt 组合键的同时，向内拖曳变换框的控制手柄，以图像中心为基准将图像缩小，如图 6-12 所示，按 Enter键确定操作。

（4）单击"图层"控制面板下方的"添加图层样式"按钮 ，在弹出的菜单中选择"投影"命令，弹出对话框，将投影颜色设为黑色，其他选项的设置如图 6-13 所示，单击"确定"按钮，投影效果如图 6-14 所示。

图 6-12

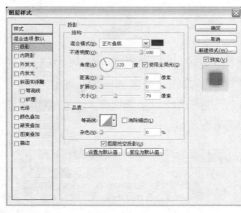
图 6-13

图 6-14

（5）单击"图层"控制面板下方的"添加图层样式"按钮 **fx.**，在弹出的菜单中选择"描边"命令，弹出对话框，将描边颜色设为白色，其他选项的设置如图 6-15 所示，单击"确定"按钮，描边效果如图 6-16 所示。

图 6-15   图 6-16

（6）选择"注释"工具 📝，在属性栏中进行设置，如图 6-17 所示，在图像窗口中单击鼠标，弹出"注释"控制面板，在面板中输入文字，如图 6-18 所示，图像效果如图 6-19 所示。修正地平线并添加注释效果制作完成。

| 📝 ▼ | 作者：2008年5月1日 | 颜色：□ | 清除全部 | 🗋 |

图 6-17

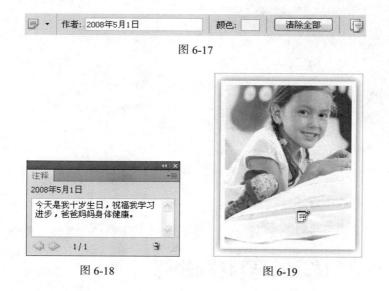

图 6-18   图 6-19

6.1.2 注释类工具

注释类工具可以为图像增加文字注释。

注释工具：选择"注释"工具 📝，或反复按 Shift+I 组合键，注释工具的属性栏如图 6-20 所示。

图 6-20

作者：用于输入作者姓名。颜色：用于设置注释窗口的颜色。清除全部：用于清除所有注释。显示或隐藏注释面板按钮 ：用于打开注释面板，编辑注释文字。

6.1.3 标尺工具

标尺工具可以在图像中测量任意两点之间的距离，并可以用来测量角度。选择"标尺"工具 ▭，或反复按 Shift+I 组合键，标尺工具的属性栏如图 6-21 所示。

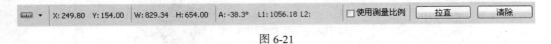

图 6-21

6.1.4 抓手工具

选择"抓手"工具 ✋，在图像中鼠标光标变为抓手 ✋，在放大的图像中拖曳鼠标，可以观察图像的每个部分，效果如图 6-22 所示。直接用鼠标拖曳图像周围的垂直和水平滚动条，也可观察图像的每个部分，效果如图 6-23 所示。

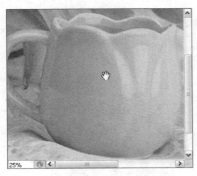

图 6-22   图 6-23

技巧   如果正在使用其他的工具进行工作，按住 Spacebar 键，可以快速切换到"抓手"工具 ✋。

6.2 图像的移动、复制和删除

在 Photoshop CS5 中，可以非常便捷地移动、复制和删除图像。

命令介绍

图像的移动：可以应用移动工具将图层中的整幅图像或选定区域中的图像移动到指定位置。

图像的复制：可以应用菜单命令或快捷键将需要的图像复制出一个或多个。

图像的删除：可以应用菜单命令或快捷键将不需要的图像进行删除。

6.2.1 课堂案例——修饰家居效果图

【案例学习目标】学习使用移动工具移动、复制及删除图像。

【案例知识要点】使用移动命令、复制命令、删除图像命令制作家居效果图，如图 6-24 所示。

【效果所在位置】光盘/Ch06/效果/修饰家居效果图.psd。

图 6-24

1．制作方框图形

（1）按 Ctrl + O 组合键，打开光盘中的"Ch06 > 素材 > 修饰家居效果图 >01"文件，图像效果如图 6-25 所示。

（2）按 Ctrl + O 组合键，打开光盘中的"Ch06 > 素材 > 修饰家居效果图 >02"文件，选择"移动"工具 ，将方框图片拖曳到图像窗口的上方，效果如图 6-26 所示，在"图层"控制面板中生成新图层并将其命名为"方框图"。

（3）将"方框图"图层拖曳到控制面板下方的"创建新图层"按钮 上进行复制，将其复制 3 次，生成新的副本图层，如图 6-27 所示。选择"移动"工具 ，按住 Shift 键的同时，分别将复制出的副本图形水平向右拖曳到适当的位置，效果如图 6-28 所示。

图 6-25

图 6-27

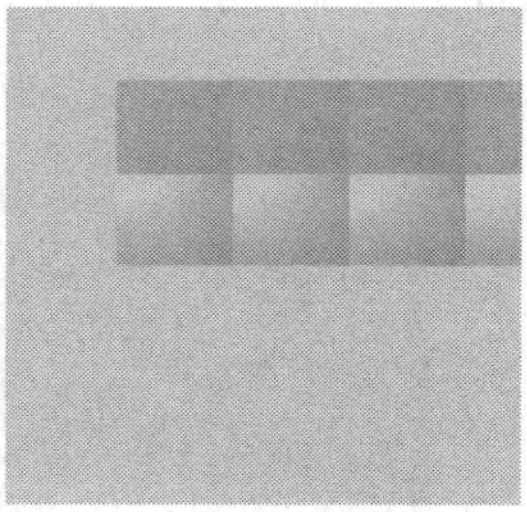

图 6-28

图 6-26

（4）单击"图层"控制面板下方的"创建新图层"按钮 ，生成新的图层并将其命名为"白色描边"。选择"矩形选框"工具 ，在方块图像上绘制矩形选区，如图 6-29 所示。在选区内单击鼠标右键，在弹出的菜单中选择"描边"命令，弹出"描边"对话框，将描边颜色设为白色，其他选项的设置如图 6-30 所示，单击"确定"按钮，按 Ctrl+D 键，取消选区，效果如图 6-31 所示。

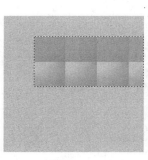

图 6-29

图 6-30

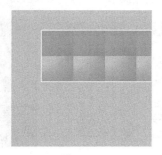

图 6-31

2. 添加装饰图形

（1）按 Ctrl + O 组合键，打开光盘中的"Ch06 > 素材 > 修饰家居效果图 > 03"文件，选择"移动"工具 ，将家具图片拖曳到图像窗口中的下方位置，效果如图 6-32 所示，在"图层"控制面板中生成新图层并将其命名为"家具"。

（2）按 Ctrl + O 组合键，打开光盘中的"Ch06 > 素材 > 修饰家居效果图 > 04"文件，选择"移动"工具 ，将家具图片拖曳到图像窗口中的下方位置，效果如图 6-33 所示，在"图层"控制面板中生成新图层并将其命名为"桌子"。

图 6-32

图 6-33

（3）新建图层并将其命名为"投影"。将前景色设为黑色。选择"椭圆选框"工具 ，拖曳鼠标绘制椭圆选区，如图 6-34 所示。按 Shift+F6 组合键，在弹出的"羽化选区"对话框，进行设置，如图 6-35 所示，单击"确定"按钮。用黑色填充选区，并取消选区，效果如图 6-36 所示。

图 6-34

图 6-35

图 6-36

（4）在"图层"控制面板中，将"投影"图层拖曳到"桌子"图层的下方，如图 6-37 所示，效果如图 6-38 所示。

（5）按 Ctrl + O 组合键，打开光盘中的"Ch06 > 素材 > 修饰家居效果图 > 05"文件，选择"移动"工具 ，将文字拖曳到图像窗口中的上方位置，效果如图 6-39 所示，在"图层"控制面板中生成新图层并将其命名为"文字说明"。家居效果图修饰完成，如图 6-40 所示。

图 6-37

图 6-38

图 6-39

图 6-40

6.2.2 图像的移动

在同一文件中移动图像：原始图像效果如图 6-41 所示。选择"移动"工具，在属性栏中勾选"自动选择"复选框，并将"自动选择"选项设为"图层"，如图 6-42 所示，用鼠标选中十字图形，十字图形所在图层被选中，将十字图形向下拖曳，效果如图 6-43 所示。

图 6-41   图 6-42   图 6-43

在不同文件中移动图像：打开一幅人物图片，将人物图片拖曳到风景图像中，鼠标光标变为图标，如图 6-44 所示，释放鼠标，人物图片被移动到风景图像中，效果如图 6-45 所示。

图 6-44   图 6-45

6.2.3 图像的复制

要在操作过程中随时按需要复制图像，就必须掌握复制图像的方法。在复制图像前，要选择将复制的图像区域，如果不选择图像区域，将不能复制图像。

使用移动工具复制图像：使用"椭圆选框"工具选中要复制的图像区域，如图 6-46 所示。选择"移动"工具，将鼠标放在选区中，鼠标光标变为图标，如图 6-47 所示，按住 Alt 键，鼠标光标变为图标，如图 6-48 所示，单击鼠标并按住不放，拖曳选区中的图像到适当的位置，释放鼠标和 Alt 键，图像复制完成，效果如图 6-49 所示。

图 6-46   图 6-47   图 6-48   图 6-49

使用菜单命令复制图像：使用"椭圆选框"工具 ◯ 选中要复制的图像区域，如图 6-50 所示，选择菜单"编辑 > 拷贝"命令或按 Ctrl+ C 组合键，将选区中的图像复制，这时屏幕上的图像并没有变化，但系统已将拷贝的图像复制到剪贴板中。

选择菜单"编辑 > 粘贴"命令或按 Ctrl+V 组合键，将剪贴板中的图像粘贴在图像的新图层中，复制的图像在原图的上方，如图 6-51 所示，使用"移动"工具 ► 可以移动复制出的图像，效果如图 6-52 所示。

图 6-50 图 6-51 图 6-52

使用快捷键复制图像：使用"椭圆选框"工具 ◯ 选中要复制的图像区域，如图 6-53 所示，按住 Ctrl+Alt 组合键，鼠标光标变为 ► 图标，如图 6-54 所示，单击鼠标并按住不放，拖曳选区中的图像到适当的位置，释放鼠标，图像复制完成，效果如图 6-55 所示。

图 6-53 图 6-54 图 6-55

6.2.4 图像的删除

在删除图像前，需要选择要删除的图像区域，如果不选择图像区域，将不能删除图像。

使用菜单命令删除图像：在需要删除的图像上绘制选区，如图 6-56 所示，选择菜单"编辑 > 清除"命令，将选区中的图像删除，按 Ctrl+D 组合键，取消选区，效果如图 6-57 所示。

图 6-56 图 6-57

提示 删除后的图像区域由背景色填充。如果在某一图层中，删除后的图像区域将显示下面一层的图像。

使用快捷键删除图像：在需要删除的图像上绘制选区，按 Delete 键或 Backspace 键，可以将选区中的图像删除。按 Alt+Delete 组合键或 Alt+Backspace 组合键，也可将选区中的图像删除，删除后的图像区域由前景色填充。

6.3　图像的裁切和图像的变换

通过图像的裁切和图像的变换，可以设计制作出丰富多变的图像效果。

命令介绍

图像的变换：应用变换命令中的多种变换方式，可以对图像进行多样的变换。

6.3.1　课堂案例——制作酒包装立体效果

【案例学习目标】通过使用图像的变换命令和渐变工具制作包装立体图。

【案例知识要点】使用扭曲命令扭曲变形图形。使用渐变工具为图像添加渐变效果，如图 6-58 所示。

图 6-58

【效果所在位置】光盘/Ch06/效果/制作酒包装立体效果.psd。

1．制作酒包装

（1）按 Ctrl + O 组合键，打开光盘中的"Ch06 > 素材 > 制作酒包装立体效果 > 01"文件，图像效果如图 6-59 所示。

（2）按 Ctrl + O 组合键，打开光盘中的"Ch06 > 素材 > 制作酒包装立体效果 > 02"文件，选择"移动"工具 ，将包装图片拖曳到图像窗口的中间，效果如图 6-60 所示，在"图层"控制面板中生成新图层并将其命名为"酒包装"。

（3）选择菜单"编辑 > 变换 > 扭曲"命令，图像周围出现变换框，分别拖曳左上方、右上方、右下方的控制手柄，改变包装图片的倾斜度，如图 6-61 所示，按 Enter 键确定操作。

（4）按 Ctrl + O 组合键，打开光盘中的"Ch06 > 素材 > 制作酒包装立体效果 > 03"文件，选择"移动"工具 ，将包装图片拖曳到图像窗口中，效果如图 6-62 所示，在"图层"控制面板中生成新图层并将其命名为"酒包装 2"。

图 6-59

图 6-60

图 6-61

图 6-62

（5）选择菜单"编辑 > 变换 > 扭曲"命令，图像周围出现变换框，分别拖曳左上方、右上方、左下方的控制手柄，改变包装图片的倾斜度，按 Enter 键确定操作，效果如图 6-63 所示。

（6）按 Ctrl + O 组合键，打开光盘中的"Ch06 > 素材 > 制作酒包装立体效果 > 04"文件，选择"移动"工具 ，将包装图片拖曳到图像窗口中，效果如图 6-64 所示，在"图层"控制面板中生成新图层并将其命名为"顶包装"。

（7）选择菜单"编辑 > 变换 > 扭曲"命令，图像周围出现变换框，分别拖曳右上方、右下方、左下方的控制手柄，改变包装图片的倾斜度，按 Enter 键确定操作，效果如图 6-65 所示。

图 6-63 　　　　　　　　图 6-64 　　　　　　　　图 6-65

2．制作包装投影效果

（1）将"酒包装"图层拖曳到控制面板下方的"创建新图层"按钮 上进行复制，生成新图层"酒包装副本"。选择菜单"编辑 > 变换 > 水平翻转"命令和"垂直翻转"命令，将包装图片进行水平翻转和垂直翻转。按住 Shift 键的同时，将图形垂直向下拖曳到适当的位置，按 Enter 键确定操作，效果如图 6-66 所示。

（2）单击"图层"控制面板下方的"添加图层蒙版"按钮 ，为"酒包装副本"图层添加蒙版，如图 6-67 所示。选择"渐变"工具 ，单击属性栏中的"点按可编辑渐变"按钮 ，弹出"渐变编辑器"对话框，将渐变色设为从白色到黑色，如图 6-68 所示，单击"确定"按钮。在属性栏中选中"线性渐变"按钮 ，在图像窗口中从中心水平至下拖曳渐变色，图像效果如图 6-69 所示。

  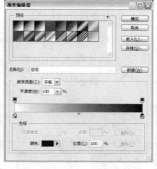 

图 6-66 　　　　　　图 6-67 　　　　　　图 6-68 　　　　　　图 6-69

（3）将"酒包装 2"图层拖曳到控制面板下方的"创建新图层"按钮 上进行复制，生成新图层"酒包装 2 副本"。按 Ctrl+T 组合键，图像周围出现变换框，在变换框内单击鼠标右键，在弹出的菜单中选择"水平翻转"、"垂直翻转"命令，将包装图片进行水平翻转和垂直翻转。按住 Shift 键的同时，将图形垂直向下拖曳到适当的位置，按 Enter 键确定操作，图像效果如图 6-70 所示。

（4）单击"图层"控制面板下方的"添加图层蒙版"按钮 ，为"酒包装 2 副本"图层添加蒙版。选择"渐变"工具 ，在图像窗口中拖曳渐变色，效果如图 6-71 所示。酒包装立体效果制作完成。

图 6-70　　　　　　　　　图 6-71

6.3.2　图像的裁切

如果图像中含有大面积的纯色区域或透明区域，可以应用裁切命令进行操作。原始图像效果如图 6-72 所示，选择菜单"图像 > 裁切"命令，弹出"裁切"对话框，在对话框中进行设置，如图 6-73 所示，单击"确定"按钮，效果如图 6-74 所示。

图 6-72　　　　　　　　图 6-73　　　　　　　　图 6-74

透明像素：如果当前图像的多余区域是透明的，则选择此选项。左上角像素颜色：根据图像左上角的像素颜色，来确定裁切的颜色范围。右下角像素颜色：根据图像右下角的像素颜色，来确定裁切的颜色范围。裁切：用于设置裁切的区域范围。

6.3.3　图像的变换

图像的变换将对整个图像起作用。选择菜单"图像 > 图像旋转"命令，其下拉菜单如图 6-75 所示。

图像变换的多种效果，如图 6-76 所示。

```
180 度(1)
90 度(顺时针)(9)
90 度(逆时针)(0)
任意角度(A)...

水平翻转画布(H)
垂直翻转画布(V)
```

图 6-75

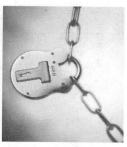

原图像　　　　　　　　180°　　　　　　　90°（顺时针）

90°（逆时针）   水平翻转画布   垂直翻转画布

图 6-76

选择"任意角度"命令，弹出"旋转画布"对话框，进行设置后的效果如图 6-77 所示，单击"确定"按钮，图像被旋转，效果如图 6-78 所示。

图 6-77   图 6-78

6.3.4 图像选区的变换

使用菜单命令变换图像的选区：在操作过程中可以根据设计和制作需要变换已经绘制好的选区。在图像中绘制选区后，选择菜单"编辑 > 自由变换"或"变换"命令，可以对图像的选区进行各种变换。"变换"命令的下拉菜单如图 6-79 所示。

在图像中绘制选区，如图 6-80 所示。选择"缩放"命令，拖曳控制手柄，可以对图像选区自由的缩放，如图 6-81 所示。选择"旋转"命令，旋转控制手柄，可以对图像选区自由的旋转，如图 6-82 所示。

再次 (A)	Shift+Ctrl+T
缩放 (S)	
旋转 (R)	
斜切 (K)	
扭曲 (D)	
透视 (P)	
变形 (W)	
旋转 180 度 (1)	
旋转 90 度 (顺时针) (9)	
旋转 90 度 (逆时针) (0)	
水平翻转 (H)	
垂直翻转 (V)	

图 6-79

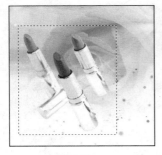 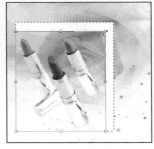 

图 6-80   图 6-81   图 6-82

选择"斜切"命令，拖曳控制手柄，可以对图像选区进行斜切调整，如图 6-83 所示。选择"扭曲"命令，拖曳控制手柄，可以对图像选区进行扭曲调整，如图 6-84 所示。选择"透视"命令，拖曳控制手柄，可以对图像选区进行透视调整，如图 6-85 所示。

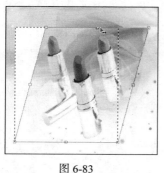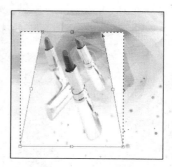

图 6-83　　　　　　　　　　图 6-84　　　　　　　　　　图 6-85

选择"旋转 180 度"命令，可以将图像选区旋转 180°，如图 6-86 所示。选择"旋转 90 度（顺时针）"命令，可以将图像选区顺时针旋转 90°，如图 6-87 所示。选择"旋转 90 度（逆时针）"命令，可以将图像选区逆时针旋转 90°，如图 6-88 所示。

图 6-86　　　　　　　　　　图 6-87　　　　　　　　　　图 6-88

选择"水平翻转"命令，可以将图像水平翻转，如图 6-89 所示。选择"垂直翻转"命令，可以将图像垂直翻转，如图 6-90 所示。

图 6-89　　　　　　　　　　图 6-90

使用快捷键变换图像的选区：在图像中绘制选区，按 Ctrl+T 组合键，选区周围出现控制手柄，拖曳控制手柄，可以对图像选区自由的缩放。按住 Shift 键的同时，拖曳控制手柄，可以等比例缩放图像选区。

如果在变换后仍要保留原图像的内容，按 Ctrl+Alt+T 组合键，选区周围出现控制手柄，向选区外拖曳选区中的图像，会复制出新的图像，原图像的内容将被保留，效果如图 6-91 所示。

按 Ctrl+T 组合键，选区周围出现控制手柄，将鼠标放在控制手柄外边，鼠标光标变为 ↰ 图标，旋转控制手柄可以将图像旋转，效果如图 6-92 所示。如果旋转之前改变旋转中心的位置，旋转图像的效果将随之改变，如图 6-93 所示。

图 6-91   图 6-92   图 6-93

按住 Ctrl 键的同时，任意拖曳变换框的 4 个控制手柄，可以使图像任意变形，效果如图 6-94 所示。按住 Alt 键的同时，任意拖曳变换框的 4 个控制手柄，可以使图像对称变形，效果如图 6-95 所示。

图 6-94   图 6-95

按住 Ctrl+Shift 组合键，拖曳变换框中间的控制手柄，可以使图像斜切变形，效果如图 6-96 所示。按住 Ctrl+Shift+Alt 组合键，任意拖曳变换框的 4 个控制手柄，可以使图像透视变形，效果如图 6-97 所示。按住 Shift+Ctrl+T 组合键，可以再次应用上一次使用过的变换命令。

图 6-96   图 6-97

课堂练习——制作证件照

【练习知识要点】使用裁剪工具裁切照片。使用钢笔工具绘制人物轮廓。使用曲线命令调整背景的色调。使用定义图案命令定义图案。证件照效果如图 6-98 所示。

【效果所在位置】光盘/Ch06/效果/制作证件照.psd。

图 6-98

课后习题——制作美食书籍

【习题知识要点】使用投影命令、渐变叠加命令、描边命令为文字添加样式。使用椭圆工具、样式面板制作装饰按钮。使用描边命令为选区添加描边效果。使用渐变填充命令制作书籍阴影。美食书籍效果如图 6-99 所示。

【效果所在位置】光盘/Ch06/效果/制作美食书籍.psd。

图 6-99

第7章
绘制图形及路径

本章将主要介绍路径的绘制、编辑方法以及图形的绘制与应用技巧。通过本章的学习，可以快速地绘制所需路径并对路径进行修改和编辑，还可应用绘图工具绘制出系统自带的图形，提高了图像制作的效率。

课堂学习目标

- 绘制图形
- 绘制和选取路径

7.1 绘制图形

路径工具极大地加强了 Photoshop CS5 处理图像的功能，它可以用来绘制路径、剪切路径和填充区域。

命令介绍

矩形工具：用于绘制矩形或正方形。
圆角矩形工具：用于绘制具有平滑边缘的矩形。
椭圆工具：用于绘制椭圆或正圆形。
多边形工具：用于绘制正多边形。
直线工具：用于绘制直线或带有箭头的线段。
自定形状工具：用于绘制自定义的图形。

7.1.1 课堂案例——制作儿童插画背景

【案例学习目标】学习使用不同的绘图工具绘制各种图形，并使用移动和复制命令调整图像的位置。

【案例知识要点】使用矩形工具、圆角矩形工具、椭圆工具、多边形工具、直线工具、自定形状工具制作儿童插画，如图 7-1 所示。

【效果所在位置】光盘/Ch07/效果/制作儿童插画背景.psd。

图 7-1

1．制作背景图形

（1）按 Ctrl + N 组合键，新建一个文件，宽度为 21cm，高度为 29.7cm，分辨率为 200 像素/英寸，颜色模式为 RGB，背景内容为白色，单击"确定"按钮。将前景色设为淡黄色（其 R、G、B 的值分别为 243、227、156），按 Alt+Delete 组合键，用前景色填充"背景"图层。

（2）单击"图层"控制面板下方的"创建新图层"按钮，生成新的图层并将其命名为"白色椭圆形"。将前景色设为白色。选择"椭圆"工具，选中属性栏中的"填充像素"按钮，在图像窗口的下方拖曳鼠标绘制椭圆形，如图 7-2 所示。

（3）单击"图层"控制面板下方的"创建新图层"按钮，生成新的图层并将其命名为"橙色椭圆形"。将前景色设为黄色（其 R、G、B 的值分别为 250、211、48）。选择"椭圆"工具，拖曳鼠标绘制椭圆形，如图 7-3 所示。

图 7-2

图 7-3

（4）在"图层"控制面板中，按住 Ctrl 键的同时，选中"白色椭圆形"、"橙色椭圆形"图层，将其拖曳到控制面板下方的"创建新图层"按钮上进行复制，生成新的副本图层。选择"移动"工具，分别将复制出的副本图形拖曳到适当的位置，并调整其大小，效果如图 7-4 所示。用相同的方法再次复制图层，调整副本图形的位置及大小，并旋转适当的角度，效果如图 7-5 所示，"图层"控制面板中的效果如图 7-6 所示。

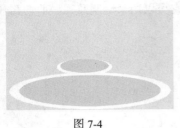
图 7-4

图 7-5

图 7-6

（5）按 Ctrl + O 组合键，打开光盘中的"Ch07 > 素材 > 制作儿童插画背景 > 01"文件，选择"移动"工具 ，将风车图片拖曳到图像窗口的左侧，效果如图 7-7 所示，在"图层"控制面板中生成新图层并将其命名为"风车"。

（6）单击"图层"控制面板下方的"创建新图层"按钮 ，生成新的图层并将其命名为"多边星形"。将前景色设为白色。选择"多边形"工具 ，属性栏中的设置如图 7-8 所示。单击属性栏中的"几何选项"按钮 ，在弹出的面板中进行设置，如图 7-9 所示。拖曳鼠标绘制星形路径，如图 7-10 所示。

（7）按 Ctrl+Enter 组合键，路径转换为选区。用白色填充选区，按 Ctrl+D 组合键，取消选区，效果如图 7-11 所示。

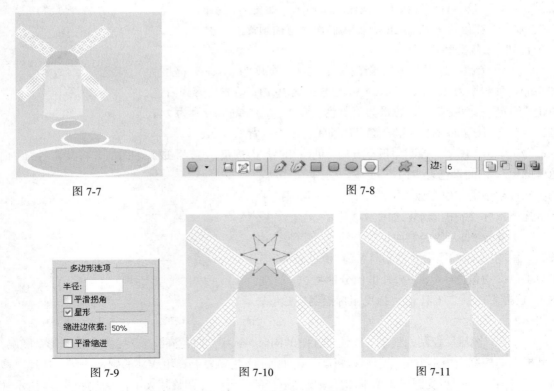

图 7-7

图 7-8

图 7-9

图 7-10

图 7-11

（8）单击"图层"控制面板下方的"创建新图层"按钮 ，生成新的图层并将其命名为"白

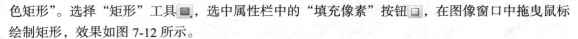

色矩形"。选择"矩形"工具 ▣，选中属性栏中的"填充像素"按钮 ▢，在图像窗口中拖曳鼠标绘制矩形，效果如图 7-12 所示。

（9）单击"图层"控制面板下方的"创建新图层"按钮 ▣，生成新的图层并将其命名为"橙色矩形"。将前景色设为黄色（其 R、G、B 的值分别为 250、211、48）。选择"矩形"工具 ▣，选中属性栏中的"填充像素"按钮 ▢，拖曳鼠标绘制矩形，如图 7-13 所示。

（10）选择"圆角矩形"工具 ▣，选中属性栏中的"形状图层"按钮 ▢，并在属性栏中将"半径"选项设为 5px，按住 Shift 键的同时，拖曳鼠标绘制圆角矩形，选中属性栏中的"添加到形状区域(+)"按钮 ▣，再次拖曳鼠标绘制圆角矩形，效果如图 7-14 所示，"图层"控制面板中生成"形状 1"图层，如图 7-15 所示。

图 7-12

图 7-13

图 7-14

图 7-15

2. 制作花朵图形并添加人物

（1）单击"图层"控制面板下方的"创建新组"按钮 ▢，生成新的图层组并将其命名为"花"。单击"图层"控制面板下方的"创建新图层"按钮 ▣，生成新的图层并将其命名为"花柄"。选择"直线"工具 ▱，选中属性栏中的"填充像素"按钮 ▢，并在属性栏中将"线条粗细"选项设为 20px，按住 Shift 键的同时，拖曳鼠标绘制直线，如图 7-16 所示。

（2）按 Ctrl + O 组合键，打开光盘中的"Ch07 > 素材 > 制作儿童插画背景 > 02"文件，选择"移动"工具 ▸⊹，将花形图片拖曳到图像窗口的上方，效果如图 7-17 所示，在"图层"控制面板中生成新图层并将其命名为"花朵"。

（3）单击"图层"控制面板下方的"创建新图层"按钮 ▣，生成新的图层并将其命名为"心形"。将前景色设为淡黄色（其 R、G、B 的值分别为 243、227、156）。选择"自定形状"工具 ◈，单击属性栏中的"形状"选项，弹出"形状"面板，在面板中选中"红心形卡"图形，如图 7-18 所示。选中属性栏中的"填充像素"按钮 ▢，按住 Shift 键的同时，拖曳鼠标绘制图形，并将图形旋转适当的角度，效果如图 7-19 所示。

图 7-16

图 7-17

图 7-18

图 7-19

（4）将"心形"图层拖曳到控制面板下方的"创建新图层"按钮 🔲 上进行复制，生成新图层"心形副本"。选择"移动"工具 ▶⊕，将复制出的副本图形拖曳到适当的位置并调整其大小，旋转副本图形到适当的角度，图像效果如图 7-20 所示。

（5）按 Ctrl + O 组合键，打开光盘中的"Ch07 > 素材 > 制作儿童插画背景 > 03"文件，选择"移动"工具 ▶⊕，将叶子图片拖曳到图像窗口中，效果如图 7-21 所示，在"图层"控制面板中生成新图层并将其命名为"叶子"。"花"图层组中的效果制作完成。

图 7-20   图 7-21

（6）将"花"图层组拖曳到控制面板下方的"创建新图层"按钮 🔲 上进行复制，将其复制两次，生成新的副本图层组，如图 7-22 所示。选择"移动"工具 ▶⊕，在图像窗口中分别将复制出的副本图形组拖曳到适当的位置，并调整其大小，效果如图 7-23 所示。

（7）按 Ctrl + O 组合键，打开光盘中的"Ch07 > 素材 > 制作儿童插画背景 > 04"文件，选择"移动"工具 ▶⊕，将人物图片拖曳到图像窗口的下方，效果如图 7-24 所示，在"图层"控制面板中生成新图层并将其命名为"人物"。儿童插画背景效果制作完成，如图 7-25 所示。

图 7-22   图 7-23   图 7-24   图 7-25

7.1.2　矩形工具

选择"矩形"工具 ▢，或反复按 Shift+U 组合键，其属性栏如图 7-26 所示。

图 7-26

▢▨▢：用于选择创建外形层、创建工作路径或填充区域。 ∅∅▢◯◯◯/✿▾：用于选择形

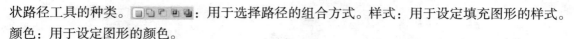

状路径工具的种类。：用于选择路径的组合方式。样式：用于设定填充图形的样式。颜色：用于设定图形的颜色。

原始图像效果如图 7-27 所示。在图像中绘制矩形，效果如图 7-28 所示，"图层"控制面板中的效果如图 7-29 所示。

图 7-27   图 7-28   图 7-29

7.1.3　圆角矩形工具

选择"圆角矩形"工具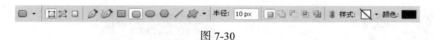，或反复按 Shift+U 组合键，其属性栏如图 7-30 所示。其属性栏中的内容与"矩形"工具属性栏的选项内容类似，只增加了"半径"选项，用于设定圆角矩形的平滑程度，数值越大越平滑。

图 7-30

可以应用此工具制作胶片的效果。打开一幅图片，效果如图 7-31 所示。选择"圆角矩形"工具，选中属性栏中的"填充像素"按钮，并在属性栏中将"半径"选项设为 5，在图片中绘制圆角矩形，效果如图 7-32 所示。

图 7-31   图 7-32

7.1.4　椭圆工具

选择"椭圆"工具，或反复按 Shift+U 组合键，其属性栏如图 7-33 所示。

图 7-33

原始图像效果如图 7-34 所示。在图像上方绘制椭圆形，制作出眼睛效果，如图 7-35 所示，"图层"控制面板如图 7-36 所示。

图 7-34

图 7-35

图 7-36

7.1.5　多边形工具

选择"多边形"工具 ![icon]，或反复按 Shift+U 组合键，其属性栏如图 7-37 所示。其属性栏中的内容与矩形工具属性栏的选项内容类似，只增加了"边"选项，用于设定多边形的边数。

原始图像效果如图 7-38 所示。单击属性栏 ![icon] 选项右侧的按钮 ·，在弹出的面板中进行设置，如图 7-39 所示，在图像中绘制多边形，效果如图 7-40 所示，"图层"控制面板中的效果如图 7-41 所示。

![icon] ·　□☑□ ⌀◐□○○⬡／✦· 边：4　模式：正常　不透明度：100% ▶ ☑消除锯齿

图 7-37

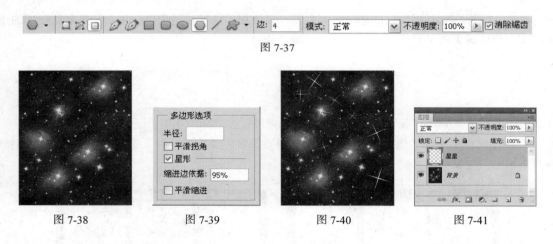

图 7-38　　　　图 7-39　　　　图 7-40　　　　图 7-41

7.1.6　直线工具

选择"直线"工具 ![icon]，或反复按 Shift+U 组合键，其属性栏如图 7-42 所示。其属性栏中的内容与矩形工具属性栏的选项内容类似，只增加了"粗细"选项，用于设定直线的宽度。

单击 ![icon] 选项右侧的按钮 ·，弹出"箭头"面板，如图 7-43 所示。

图 7-42　　　　　　　　　　　　　　　　　　　图 7-43

起点：用于选择箭头位于线段的始端。终点：用于选择箭头位于线段的末端。宽度：用于设定箭头宽度和线段宽度的比值。长度：用于设定箭头长度和线段长度的比值。凹度：用于设定箭头凹凸的形状。

原图效果如图 7-44 所示，在图像中绘制不同效果的直线，如图 7-45 所示，"图层"控制面板中的效果如图 7-46 所示。

图 7-44

图 7-45

图 7-46

按住 Shift 键，应用直线工具绘制图形时，可以绘制水平或垂直的直线。

7.1.7 自定形状工具

选择"自定形状"工具，或反复按 Shift+U 组合键，其属性栏如图 7-47 所示。其属性栏中的内容与矩形工具属性栏的选项内容类似，只增加了"形状"选项，用于选择所需的形状。

单击"形状"选项右侧的按钮，弹出如图 7-48 所示的形状面板，面板中存储了可供选择的各种不规则形状。

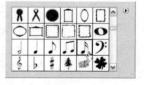

图 7-47

图 7-48

原始图像效果如图 7-49 所示。在图像中绘制不同的形状图形，效果如图 7-50 所示，"图层"控制面板中的效果如图 7-51 所示。

图 7-49

图 7-50

图 7-51

可以应用定义自定形状命令来制作并定义形状。使用"钢笔"工具 ✎ 在图像窗口中绘制路径并填充路径，如图 7-52 所示。

选择菜单"编辑 > 定义自定形状"命令，弹出"形状名称"对话框，在"名称"选项的文本框中输入自定形状的名称，如图 7-53 所示，单击"确定"按钮，在"形状"选项的面板中将会显示刚才定义的形状，如图 7-54 所示。

| 图 7-52 | 图 7-53 | 图 7-54 |

7.2　绘制和选取路径

路径对于 Photoshop CS5 高手来说确实是一个非常得力的助手。使用路径可以进行复杂图像的选取，还可以存储选取区域以备再次使用，更可以绘制线条平滑的优美图形。

命令介绍

钢笔工具：用于绘制路径。

添加锚点工具：用于在路径上添加新的锚点。

转换点工具：使用转换点工具单击或拖曳锚点可将其转换成直线锚点或曲线锚点，拖曳锚点上的调节手柄可以改变线段的弧度。

7.2.1　课堂案例——制作幸福时刻效果

【案例学习目标】学习使用不同的绘制工具绘制并调整路径。

【案例知识要点】使用钢笔工具、添加锚点工具和转换点工具绘制路径，应用选区和路径的转换命令进行转换，应用图层样式命令为图像添加特殊效果，如图 7-55 所示。

【效果所在位置】光盘/Ch07/效果/制作幸福时刻效果.psd。

1. 绘制路径

（1）按 Ctrl + O 组合键，打开光盘中的"Ch07 > 素材 > 制作幸福时刻效果 > 01"文件，图像效果如图 7-56 所示。选择"钢笔"工具 ✎，选中属性栏中的"路径"按钮 ▨，在图像窗口中沿着盒子轮廓单击鼠标绘制路径，如图 7-57 所示。

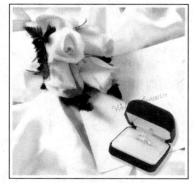

图 7-55

（2）选择"钢笔"工具 ✎，按住 Ctrl 键的同时，"钢笔"工具 ✎ 转换为"直接选择"工具 ▸，

拖曳路径中的锚点来改变路径的弧度,再次拖曳锚点上的调节手柄改变线段的弧度,效果如图 7-58
所示。

（3）将鼠标光标移动到建立好的路径上,若当前该处没有锚点,则"钢笔"工具 转换为"添
加锚点"工具 ,如图 7-59 所示,在路径上单击鼠标添加一个锚点。

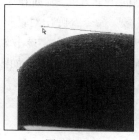
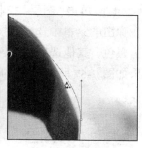

图 7-56　　　　　　　　　图 7-57　　　　　　　　　图 7-58　　　　　　　　　图 7-59

（4）选择"转换点"工具 ,按住 Alt 键的同时,拖曳手柄,可以任意改变调节手柄中的其
中一个手柄,如图 7-60 所示。用上述的路径工具,将路径调整得更贴近盒子的形状,图像效果如
图 7-61 所示。

（5）单击"路径"控制面板下方的"将路径作为选区载入"按钮 ,将路径转换为选区,
如图 7-62 所示。

图 7-60　　　　　　　　　　图 7-61　　　　　　　　　　图 7-62

2．移动图像并添加样式

（1）按 Ctrl+O 组合键,打开光盘中的"Ch07＞素材＞制作幸福时刻效果＞02"文件,效
果如图 7-63 所示。选择"移动"工具 ,将 01 文件选区中的图像拖曳到 02 文件中,如图 7-64
所示,在"图层"控制面板中生成新图层并将其命名为"戒指"。

图 7-63　　　　　　　　　　图 7-64

（2）按 Ctrl+T 组合键，图像的周围出现变换框，将鼠标光标放在变换框的控制手柄外边，光标变为旋转图标，拖曳鼠标将图像旋转到图像窗口的右下方，并调整其大小，按 Enter 键确定操作，效果如图 7-65 所示。

图 7-65

（3）单击"图层"控制面板下方的"添加图层样式"按钮 fx，在弹出的菜单中选择"投影"命令，弹出对话框，将阴影颜色设为黑色，其他选项的设置如图 7-66 所示，单击"确定"按钮，效果如图 7-67 所示。幸福时刻效果制作完成，如图 7-68 所示。

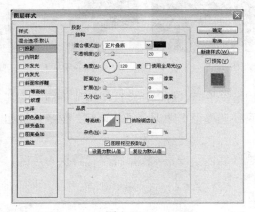

图 7-66

图 7-67

图 7-68

7.2.2　钢笔工具

选择"钢笔"工具，或反复按 Shift+P 组合键，其属性栏如图 7-69 所示。

图 7-69

按住 Shift 键创建锚点时，将强迫系统以 45° 或 45° 的倍数绘制路径。按住 Alt 键，当"钢笔"工具移到锚点上时，暂时将"钢笔"工具转换为"转换点"工具。按住 Ctrl 键，暂时将"钢笔"工具转换成"直接选择"工具。

绘制直线条：建立一个新的图像文件，选择"钢笔"工具，在钢笔工具属性栏中选中"路径"按钮，"钢笔"工具绘制的将是路径。如果选中"形状图层"按钮，将绘制出形状图层。勾选"自动添加/删除"复选框，钢笔工具的属性栏如图 7-70 所示。

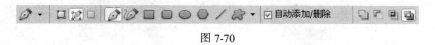

图 7-70

在图像中任意位置单击鼠标，创建一个锚点，将鼠标移动到其他位置再次单击，创建第二个锚点，两个锚点之间自动以直线进行连接，如图 7-71 所示。再将鼠标移动到其他位置单击，创建第三个锚点，而系统将在第二个和第三个锚点之间生成一条新的直线路径，如图 7-72 所示。

将鼠标移至第二个锚点上，鼠标光标暂时转换成"删除锚点"工具 ，如图 7-73 所示，在锚点上单击，即可将第二个锚点删除，如图 7-74 所示。

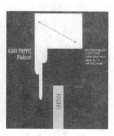

图 7-71　　　　　　　　图 7-72　　　　　　　　图 7-73　　　　　　　　图 7-74

绘制曲线：用"钢笔"工具 单击建立新的锚点并按住鼠标不放，拖曳鼠标，建立曲线段和曲线锚点，如图 7-75 所示。释放鼠标，按住 Alt 键的同时，用"钢笔"工具 单击刚建立的曲线锚点，如图 7-76 所示，将其转换为直线锚点，在其他位置再次单击建立下一个新的锚点，可在曲线段后绘制出直线段，如图 7-77 所示。

图 7-75　　　　　　　　　图 7-76　　　　　　　　　图 7-77

7.2.3　自由钢笔工具

选择"自由钢笔"工具 ，对其属性栏进行设置，如图 7-78 所示。

图 7-78

在蓝色气球的上方单击鼠标确定最初的锚点，然后沿图像小心地拖曳鼠标并单击，确定其他的锚点，如图 7-79 所示。如果在选择中存在误差，只需要使用其他的路径工具对路径进行修改和调整，就可以补救，如图 7-80 所示。

图 7-79　　　　　　图 7-80

7.2.4　添加锚点工具

将"钢笔"工具 移动到建立的路径上，若当前此处没有锚点，则"钢笔"工具 转换成"添加锚点"工具 ，如图 7-81 所示，在路径上单击鼠标可以添加一个锚点，效果如图 7-82 所示。

将"钢笔"工具 ✐ 移动到建立的路径上，若当前此处没有锚点，则"钢笔"工具 ✐ 转换成"添加锚点"工具 ✐，如图 7-83 所示，单击鼠标添加锚点后按住鼠标不放，向上拖曳鼠标，建立曲线段和曲线锚点，效果如图 7-84 所示。

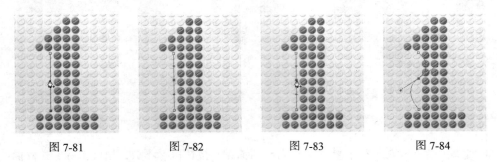

图 7-81   图 7-82   图 7-83   图 7-84

7.2.5 删除锚点工具

删除锚点工具用于删除路径上已经存在的锚点。将"钢笔"工具 ✐ 放到路径的锚点上，则"钢笔"工具 ✐ 转换成"删除锚点"工具 ✐，如图 7-85 所示，单击锚点将其删除，效果如图 7-86 所示。

将"钢笔"工具 ✐ 放到曲线路径的锚点上，则"钢笔"工具 ✐ 转换成"删除锚点"工具 ✐，如图 7-87 所示，单击锚点将其删除，效果如图 7-88 所示。

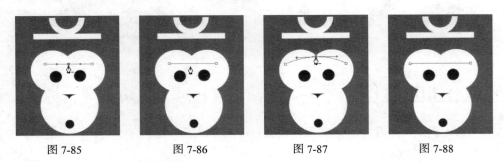

图 7-85   图 7-86   图 7-87   图 7-88

7.2.6 转换点工具

按住 Shift 键，拖曳其中的一个锚点，将强迫手柄以 45° 或 45° 的倍数进行改变。按住 Alt 键，拖曳手柄，可以任意改变两个调节手柄中的一个手柄，而不影响另一个手柄的位置。按住 Alt 键，拖曳路径中的线段，可以将路径进行复制。

使用"钢笔"工具 ✐ 在图像中绘制三角形路径，如图 7-89 所示，当要闭合路径时鼠标光标变为 ♦₀ 图标，单击鼠标即可闭合路径，完成三角形路径的绘制，如图 7-90 所示。

选择"转换点"工具 ▷，将鼠标放置在三角形左上角的锚点上，如图 7-91 所示，单击锚点

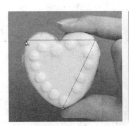 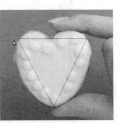

图 7-89   图 7-90

并将其向右上方拖曳形成曲线锚点，如图 7-92 所示。使用相同的方法将三角形右上角的锚点转换为曲线锚点，如图 7-93 所示。绘制完成后，桃心形路径的效果如图 7-94 所示。

图 7-91　　　　　　　图 7-92　　　　　　　图 7-93　　　　　　　图 7-94

7.2.7　选区和路径的转换

1．将选区转换为路径

使用菜单命令：在图像上绘制选区，如图 7-95 所示，单击"路径"控制面板右上方的图标，在弹出式菜单中选择"建立工作路径"命令，弹出"建立工作路径"对话框，在对话框中，应用"容差"选项设置转换时的误差允许范围，数值越小越精确，路径上的关键点也越多。如果要编辑生成的路径，在此处设定的数值最好为 2，如图 7-96 所示，单击"确定"按钮，将选区转换成路径，效果如图 7-97 所示。

图 7-95　　　　　　　　　图 7-96　　　　　　　　　图 7-97

使用按钮命令：单击"路径"控制面板下方的"从选区生成工作路径"按钮，将选区转换成路径。

2．将路径转换为选区

使用菜单命令：在图像中创建路径，如图 7-98 所示，单击"路径"控制面板右上方的图标，在弹出式菜单中选择"建立选区"命令，弹出"建立选区"对话框，如图 7-99 所示。设置完成后，单击"确定"按钮，将路径转换成选区，效果如图 7-100 所示。

图 7-98　　　　　　　　　图 7-99　　　　　　　　　图 7-100

使用按钮命令：单击"路径"控制面板下方的"将路径作为选区载入"按钮 ⊙ ，将路径转换成选区。

命令介绍

路径选择工具：用于选择一个或几个路径并对其进行移动、组合、对齐、分布和变形。

描边路径命令：可以对路径进行描边。

7.2.8 课堂案例——制作音乐海报

【案例学习目标】学习使用新建路径、填充路径、描边路径命令制作图形。

【案例知识要点】使用钢笔工具绘制路径，使用填充路径命令为路径填充颜色，使用画笔描边命令为路径进行描边，使用添加图层样式命令为花纹添加投影效果，如图 7-101 所示。

【效果所在位置】光盘/Ch07/效果/制作音乐海报.psd。

图 7-101

1．制作装饰图形

（1）按 Ctrl + O 组合键，打开光盘中的"Ch07 > 素材 > 制作音乐海报 > 01"文件，图像效果如图 7-102 所示。

（2）单击"图层"控制面板下方的"创建新图层"按钮 ，生成新的图层并将其命名为"形状"。将前景色设为蓝色（其 R、G、B 的值分别为 31、151、186）。选择"路径"控制面板，按住 Alt 键的同时，单击控制面板下方的"创建新路径"按钮 ，弹出"新建路径"对话框，进行设置，如图 7-103 所示，单击"确定"按钮。

（3）选择"钢笔"工具 ，选中属性栏中的"路径"按钮 ，单击鼠标分别绘制 3 条路径，如图 7-104 所示。单击"路径"控制面板下方的"用前景色填充路径"按钮 ，效果如图 7-105 所示。

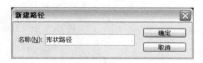
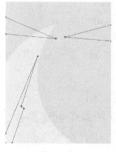

| 图 7-102 | 图 7-103 | 图 7-104 | 图 7-105 |

（4）单击"图层"控制面板下方的"创建新图层"按钮 ，生成新的图层并将其命名为"形状 2"。将前景色设为橙色（其 R、G、B 的值分别为 242、148、26）。选择"路径"控制面板，按住 Alt 键的同时，单击控制面板下方的"创建新路径"按钮 ，弹出"新建路径"对话框，进行设置，如图 7-106 所示，单击"确定"按钮。

（5）选择"钢笔"工具 ，选中属性栏中的"路径"按钮 ，再次绘制三条路径，如图 7-107 所示。按 Ctrl+Enter 组合键，路径转换为选区。在"图层"控制面板中选中"形状 2"图层，按 Alt+Delete 组合键，用前景色填充选区，按 Ctrl+D 组合键，取消选区，效果如图 7-108 所示。

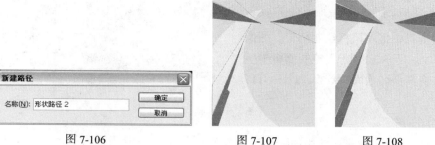

图 7-106　　　　　　　　　图 7-107　　　　　　　　　图 7-108

（6）单击"图层"控制面板下方的"创建新图层"按钮 ▣ ，生成新的图层并将其命名为"图形描边"。将前景色设为白色。选择"画笔"工具 ✎ ，在属性栏中单击"画笔"选项右侧的按钮 · ，弹出画笔选择面板，在面板中选择需要的画笔形状，将"大小"选项设为 28px，如图 7-109 所示。

（7）在"路径"控制面板中，选中"形状路径 2"，单击控制面板下方的"用画笔描边路径"按钮 ○ ，描边路径，效果如图 7-110 所示。单击"图层"控制面板下方的"创建新图层"按钮 ▣ ，生成新的图层并将其命名为"图形描边 2"。在"路径"控制面板中，选中"形状路径"，单击控制面板下方的"用画笔描边路径"按钮 ○ ，描边路径，效果如图 7-111 所示。在"路径"控制面板中的空白处单击鼠标，隐藏路径。

（8）单击"图层"控制面板下方的"创建新图层"按钮 ▣ ，生成新的图层并将其命名为"图形 1"。将前景色设为紫色（其 R、G、B 的值分别为 106、96、204）。选择"钢笔"工具 ✎ ，在图像窗口中拖曳鼠标绘制路径，如图 7-112 所示。

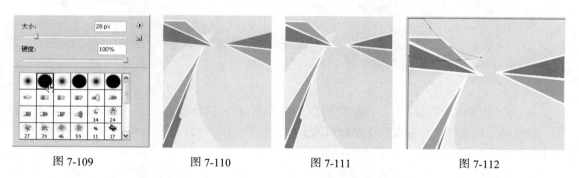

图 7-109　　　　　　　图 7-110　　　　　　　图 7-111　　　　　　　图 7-112

（9）选择"路径选择"工具 ▸ ，在路径内单击鼠标右键，在弹出的菜单中选择"填充"命令，在弹出的对话框中进行设置，如图 7-113 所示，单击"确定"按钮，效果如图 7-114 所示。在"图层"控制面板上方，将"图形 1"图层的混合模式选项设为"强光"，效果如图 7-115 所示。

图 7-113　　　　　　　　图 7-114　　　　　　　　图 7-115

（10）将前景色设为白色。选择"钢笔"工具 ✎，选中属性栏中的"形状图层"按钮 ▢，在图像窗口中拖曳鼠标绘制图形，图像效果如图 7-116 所示，"图层"控制面板中生成新图层并将其命名为"形状 3"，如图 7-117 所示。

图 7-116

图 7-117

2. 添加图形

（1）按 Ctrl + O 组合键，打开光盘中的"Ch07 > 素材 > 制作音乐海报 > 02"文件，选择"移动"工具 ⊕，将花纹图形拖曳到图像窗口的上方，效果如图 7-118 所示，在"图层"控制面板中生成新图层并将其命名为"花纹"。

（2）单击"图层"控制面板下方的"添加图层样式"按钮 *fx.*，在弹出的菜单中选择"描边"命令，弹出对话框，将描边颜色设为白色，其他选项的设置如图 7-119 所示，单击"确定"按钮，效果如图 7-120 所示。

图 7-118

图 7-119

图 7-120

（3）按 Ctrl + O 组合键，打开光盘中的"Ch07 > 素材 > 制作音乐海报 > 03"文件，选择"移动"工具 ⊕，将人物图片拖曳到图像窗口的上方，效果如图 7-121 所示，在"图层"控制面板中生成新图层并将其命名为"人物"。

（4）按 Ctrl + O 组合键，打开光盘中的"Ch07 > 素材 > 制作音乐海报 > 04"文件，选择"移动"工具 ⊕，将文字拖曳到图像窗口的下方，效果如图 7-122 所示，在"图层"控制面板中生成新图层并将其命名为"文字说明"。音乐海报制作完成。

图 7-121

图 7-122

7.2.9　路径控制面板

绘制一条路径，再选择菜单"窗口 > 路径"命令，调出"路径"控制面板，如图 7-123 所示。单击"路径"控制面板右上方的图标，弹出其下拉命令菜单，如图 7-124 所示。在"路径"控制面板的底部有 6 个工具按钮，如图 7-125 所示。

图 7-123　　　　　　　　　图 7-124　　　　　　　　　图 7-125

用前景色填充路径按钮：单击此按钮，将对当前选中路径进行填充，填充的对象包括当前路径的所有子路径以及不连续的路径线段。如果选定了路径中的一部分，"路径"控制面板的弹出菜单中的"填充路径"命令将变为"填充子路径"命令。如果被填充的路径为开放路径，Photoshop CS5 将自动把路径的两个端点以直线段连接然后进行填充。如果只有一条开放的路径，则不能进行填充。按住 Alt 键的同时，单击此按钮，将弹出"填充路径"对话框。

用画笔描边路径按钮：单击此按钮，系统将使用当前的颜色和当前在"描边路径"对话框中设定的工具对路径进行描边。按住 Alt 键的同时单击此按钮，将弹出"描边路径"对话框。

将路径作为选区载入按钮：单击此按钮，将把当前路径所圈选的范围转换为选择区域。按住 Alt 键的同时，单击此按钮，将弹出"建立选区"对话框。

从选区生成工作路径按钮：单击此按钮，将把当前的选择区域转换成路径。按住 Alt 键的同时，单击此按钮，将弹出"建立工作路径"对话框。

创建新路径按钮：用于创建一个新的路径。单击此按钮，可以创建一个新的路径。按住 Alt 键的同时，单击此按钮，将弹出"新路径"对话框。

删除当前路径按钮：用于删除当前路径。可以直接拖曳"路径"控制面板中的一个路径到此按钮上，可将整个路径全部删除。

7.2.10　新建路径

使用控制面板弹出式菜单：单击"路径"控制面板右上方的图标，弹出其命令菜单，选择"新建路径"命令，弹出"新建路径"对话框，如图 7-126 所示。

名称：用于设定新图层的名称，可以选择与前一图层创建剪贴蒙版。

图 7-126

使用控制面板按钮或快捷键：单击"路径"控制面板下方的"创建新路径"按钮，可以创建一个新路径。按住 Alt 键的同时，单击"创建新路径"按钮，将弹出"新建路径"对话框。

7.2.11 复制、删除、重命名路径

1. 复制路径

使用菜单命令复制路径：单击"路径"控制面板右上方的图标，弹出其下拉命令菜单，选择"复制路径"命令，弹出"复制路径"对话框，如图 7-127 所示，在"名称"选项中设置复制路径的名称，单击"确定"按钮，"路径"控制面板如图 7-128 所示。

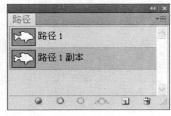

图 7-127   图 7-128

使用按钮命令复制路径：在"路径"控制面板中，将需要复制的路径拖曳到下方的"创建新路径"按钮上，即可将所选的路径复制为一个新路径。

2. 删除路径

使用菜单命令删除路径：单击"路径"控制面板右上方的图标，弹出其下拉命令菜单，选择"删除路径"命令，将路径删除。

使用按钮命令删除路径：在"路径"控制面板中选择需要删除的路径，单击面板下方的"删除当前路径"按钮，将选择的路径删除。

3. 重命名路径

双击"路径"控制面板中的路径名，出现重命名路径文本框，如图 7-129 所示，更改名称后按 Enter 键确认即可，如图 7-130 所示。

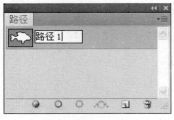

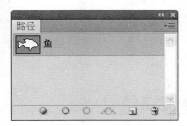

图 7-129   图 7-130

7.2.12 路径选择工具

选择"路径选择"工具，或反复按 Shift+A 组合键，其属性栏如图 7-131 所示。

在属性栏中，勾选"显示定界框"复选框，就能够对一个或多个路径进行变形，路径变形的相关信息将显示在属性栏中，如图 7-132 所示。

图 7-131

图 7-132

7.2.13 直接选择工具

直接选择工具用于移动路径中的锚点或线段，还可以调整手柄和控制点。路径的原始效果如图 7-133 所示，选择"直接选择"工具，拖曳路径中的锚点来改变路径的弧度，如图 7-134 所示。

图 7-133

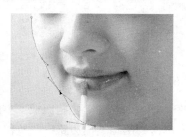

图 7-134

7.2.14 填充路径

使用菜单命令：在图像中创建路径，如图 7-135 所示，单击"路径"控制面板右上方的图标，在弹出式菜单中选择"填充路径"命令，弹出"填充路径"对话框，如图 7-136 所示。设置完成后，单击"确定"按钮，用前景色填充路径的效果如图 7-137 所示。

图 7-135

图 7-136

图 7-137

使用按钮命令：单击"路径"控制面板下方的"用前景色填充路径"按钮，即可填充路径。按 Alt 键的同时，单击"用前景色填充路径"按钮，将弹出"填充路径"对话框。

7.2.15　描边路径

使用菜单命令：在图像中创建路径，如图 7-138 所示。单击"路径"控制面板右上方的图标 ，在弹出式菜单中选择"描边路径"命令，弹出"描边路径"对话框，选择"工具"选项下拉列表中的"画笔"工具，如图 7-139 所示，此下拉列表中共有 19 种工具可供选择，如果当前在工具箱中已经选择了"画笔"工具，该工具将自动地设置在此处。另外在画笔属性栏中设定的画笔类型也将直接影响此处的描边效果，设置好后，单击"确定"按钮，描边路径的效果如图 7-140 所示。

图 7-138　　　　　　　　　图 7-139　　　　　　　　　图 7-140

使用按钮命令：单击"路径"控制面板下方的"用画笔描边路径"按钮 ，即可描边路径。按 Alt 键的同时，单击"用画笔描边路径"按钮 ，将弹出"描边路径"对话框。

7.3　创建 3D 图形

在 Photoshop CS5 中可以将平面图层围绕各种形状预设，如立方体、球面、圆柱、锥形或金字塔等创建 3D 模型。只有将图层变为 3D 图层，才能使用 3D 工具和命令。

打开一个文件，如图 7-141 所示。选择"3D > 从图层新建形状"命令，弹出如图 7-142 所示的子菜单，选择需要的命令可创建不同的 3D 模型。

图 7-141　　　　　　　　　图 7-142

选择各命令创建出的 3D 模型如图 7-143 所示。

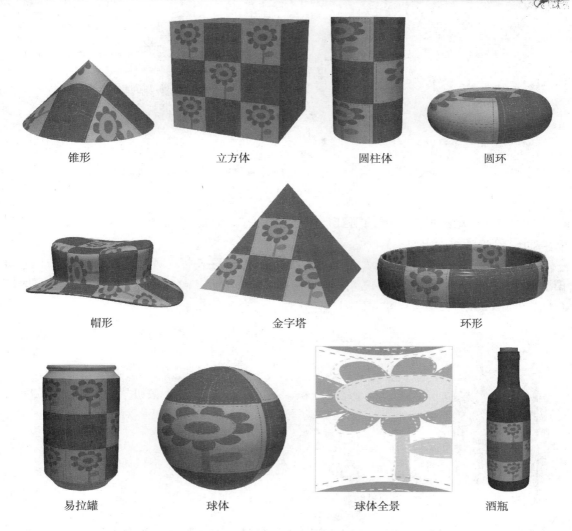

锥形　　　　　　立方体　　　　　　圆柱体　　　　　圆环

帽形　　　　　　　　金字塔　　　　　　　　环形

易拉罐　　　　　　球体　　　　　　球体全景　　　　酒瓶

图 7-143

7.4 使用 3D 工具

在 Potoshop CS5 中使用 3D 对象工具可更改 3D 模型的位置或大小，使用 3D 相机工具可更改场景视图。下面，具体介绍这两种工具的使用方法。

1. 使用 3D 对象工具

使用 3D 对象工具可以旋转、缩放或调整模型位置。当操作 3D 模型时，相机视图保持固定。

打开一张包含 3D 模型的图片，如图 7-144 所示。选中 3D 图层，选择"3D 对象旋转"工具，图像窗口中的鼠标变为 图标，上下拖动可将模型围绕其 x 轴旋转，如图 7-145 所示；两侧拖动可将模型围绕其 y 轴旋转，效果如图 7-146 所示。按住 Alt 键的同时进行拖移可滚动模型。

图 7-144

图 7-145

图 7-146

选择"3D 对象滚动"工具 ，图像窗口中的鼠标变为 图标，两侧拖动可使模型绕 z 轴旋转，效果如图 7-147 所示。

选择"3D 对象平移"工具 ，图像窗口中的鼠标变为 图标，两侧拖动可沿水平方向移动模型，如图 7-148 所示；上下拖动可沿垂直方向移动模型，如图 7-149 所示。按住 Alt 键的同时进行拖移可沿 x/z 轴方向移动。

图 7-147

图 7-148

图 7-149

选择"3D 对象滑动"工具 ，图像窗口中的鼠标变为 图标，两侧拖动可沿水平方向移动模型，如图 7-150 所示；上下拖动可将模型移近或移远，如图 7-151 所示。按住 Alt 键的同时进行拖移可沿 x/y 轴方向移动。

选择"3D 对象比例"工具 ，图像窗口中的鼠标变为 图标，上下拖动可将模型放大或缩小，如图 7-152 所示。按住 Alt 键的同时进行拖移可沿 z 轴方向缩放。

图 7-150

图 7-151

图 7-152

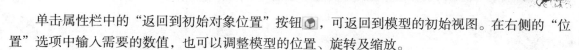

单击属性栏中的"返回到初始对象位置"按钮，可返回到模型的初始视图。在右侧的"位置"选项中输入需要的数值，也可以调整模型的位置、旋转及缩放。

2. 使用 3D 相机工具

使用 3D 相机工具可移动相机视图，同时保持 3D 对象的位置固定不变。

选择"3D 环绕相机"工具，拖动可以将相机沿 x 或 y 方向环绕移动。

选择"3D 滚动相机"工具，拖动可以滚动相机。

选择"3D 平移相机"工具，拖动可以将相机沿 x 或 y 方向平移。

选择"3D 移动相机"工具，拖动可以步进相机（z 转换和 y 旋转）。

选择"3D 缩放相机"工具，拖动可以更改 3D 相机的视角。最大视角为 180。

单击属性栏中的"返回到初始相机位置"按钮，可将相机返回到初始位置。在右侧的"位置"选项中输入需要的数值，也可以调整相机视图。

课堂练习——制作动感插画

【练习知识要点】使用钢笔工具、画笔工具绘制装饰线条。使用自定形状工具绘制螺旋线条。使用画笔工具绘制白色圆点图形。使用描边命令添加描边效果。动感插画效果如图 7-153 所示。

【效果所在位置】光盘/Ch07/效果/制作动感插画.psd。

图 7-153

课后习题——制作影视海报

【习题知识要点】使用渐变工具制作背景。使用纹理化滤镜为背景图像添加纹理化效果。使用圆角矩形工具绘制圆角矩形。使用自定形状工具绘制装饰图形。使用直线工具绘制图形。使用图层样式命令制作文字特殊效果。影视海报效果如图 7-154 所示。

【效果所在位置】光盘/Ch07/效果/制作影视海报.psd。

图 7-154

第8章
调整图像的色彩和色调

本章将主要介绍调整图像的色彩与色调的多种相关命令。通过本章的学习，可以根据不同的需要应用多种调整命令对图像的色彩或色调进行细微的调整，还可以对图像进行特殊颜色的处理。

课堂学习目标

- 调整图像色彩与色调
- 特殊颜色处理

8.1　调整图像色彩与色调

调整图像的色彩是 Photoshop CS5 的强项，也是必须要掌握的一项功能。在实际的设计制作中经常会使用到这项功能。

命令介绍

亮度/对比度命令：可以调节图像的亮度和对比度。

色彩平衡命令：用于调节图像的色彩平衡度。

8.1.1　课堂案例——曝光过度照片的处理

【案例学习目标】学习使用色彩调整命令调节图像的色彩，使用图层样式命令为图像添加效果。

【案例知识要点】使用亮度/对比度命令、色彩平衡命令调整图片颜色，使用添加图层样式命令为图像添加效果，如图 8-1 所示。

【效果所在位置】光盘/Ch08/效果/曝光过度照片的处理.psd。

1．调整照片颜色

（1）按 Ctrl + O 组合键，打开光盘中的"Ch08 > 素材 > 曝光过度照
片的处理 > 01"文件，图像效果如图 8-2 所示。选择菜单"图像 > 调整 > 亮度/对比度"命令，在弹出的对话框中进行设置，如图 8-3 所示。单击"确定"按钮，效果如图 8-4 所示。

图 8-1

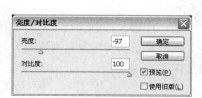

图 8-2　　　　　　　　　图 8-3　　　　　　　　　图 8-4

（2）选择菜单"图像 > 调整 > 色彩平衡"命令，在弹出的对话框中进行设置，如图 8-5 所示。选中"阴影"单选项，切换到相应的对话框，进行设置，如图 8-6 所示。选中"高光"单选项，切换到相应的对话框，进行设置，如图 8-7 所示。单击"确定"按钮，效果如图 8-8 所示。

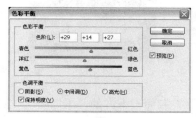

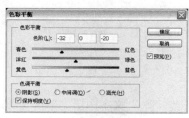

图 8-5　　　　　　　　　　　　　　　图 8-6

图 8-7

图 8-8

2．制作边框并添加文字

（1）单击"图层"控制面板下方的"创建新图层"按钮 ▣ ，生成新的图层并将其命名为"白边"。将前景色设为白色。选择"矩形选框"工具 □ ，在图像窗口中拖曳鼠标绘制矩形选区，如图 8-9 所示。按 Ctrl+Shift+I 组合键，将选区反选。将前景色设为白色，按 Alt+Delete 组合键，用前景色填充选区，按 Ctrl+D 组合键，取消选区，效果如图 8-10 所示。

（2）选择"横排文字"工具 T ，分别在属性栏中选择合适的字体并设置大小，输入需要的白色文字，如图 8-11 所示。在"图层"控制面板中分别生成新的文字图层，如图 8-12 所示。

图 8-9

图 8-10

图 8-11

图 8-12

（3）选择"绿"文字图层。单击"图层"控制面板下方的"添加图层样式"按钮 fx. ，在弹出的菜单中选择"外发光"命令，弹出对话框，将发光颜色设为白色，其他选项的设置如图 8-13 所示，单击"确定"按钮，效果如图 8-14 所示。

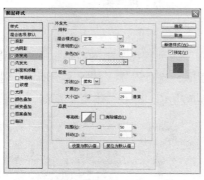
图 8-13

图 8-14

（4）选择"这季节，"文字图层。单击"图层"控制面板下方的"添加图层样式"按钮 fx. ，在弹出的菜单中选择"外发光"命令，弹出对话框，将发光颜色设为白色，其他选项的设置如图

8-15 所示。单击"确定"按钮，效果如图 8-16 所示。

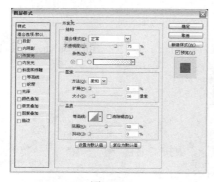

图 8-15

图 8-16

（5）在"这季节，"文字图层上单击鼠标右键，在弹出的菜单中选择"拷贝图层样式"命令，在"除了想你,我什么也没做……"文字图层上单击鼠标右键，在弹出的菜单中选择"粘贴图层样式"命令，效果如图 8-17 所示。"图层"控制面板中的效果如图 8-18 所示。曝光过度的照片处理完成，如图 8-19 所示。

图 8-17

图 8-18

图 8-19

8.1.2　亮度/对比度

原始图像效果如图 8-20 所示，选择菜单"图像 >调整 > 亮度/对比度"命令，弹出"亮度/对比度"对话框，如图 8-21 所示。在对话框中，可以通过拖曳亮度和对比度滑块来调整图像的亮度或对比度，单击"确定"按钮，调整后的图像效果如图 8-22 所示。"亮度/对比度"命令调整的是整个图像的色彩。

图 8-20

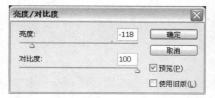

图 8-21

图 8-22

8.1.3 自动对比度

自动对比度命令可以对图像的对比度进行自动调整。按 Alt+Shift+Ctrl+L 组合键，可以对图像的对比度进行自动调整。

8.1.4 色彩平衡

选择菜单"图像 > 调整 > 色彩平衡"命令，或按 Ctrl+B 组合键，弹出"色彩平衡"对话框，如图 8-23 所示。

色彩平衡：用于添加过渡色来平衡色彩效果，拖曳滑块可以调整整个图像的色彩，也可以在"色阶"选项的数值框中直接输入数值调整图像的色彩。色调平衡：用于选取图像的阴影、中间调和高光。保持明度：用于保持原图像的明度。

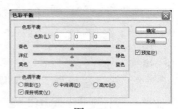

图 8-23

设置不同的色彩平衡后，图像效果如图 8-24 所示。

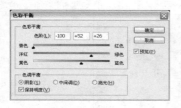   

图 8-24

8.1.5 反相

选择菜单"图像 > 调整 > 反相"命令，或按 Ctrl+I 组合键，可以将图像或选区的像素反转为其补色，使其出现底片效果。不同色彩模式的图像反相后的效果如图 8-25 所示。

  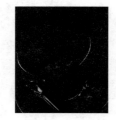

原始图像效果　　　　　　RGB 色彩模式反相后的效果　　　　　CMYK 色彩模式反相后的效果

图 8-25

提示　　反相效果是对图像的每一个色彩通道进行反相后的合成效果，不同色彩模式的图像反相后的效果是不同的。

命令介绍

变化命令：用于调整图像的色彩。

8.1.6　课堂案例——增强图像的色彩鲜艳度

【案例学习目标】学习使用调整颜色命令调节图像的色彩，应用图层的编辑命令以及图层样式为图像添加效果。

【案例知识要点】使用变化命令调整图像颜色，使用外发光命令添加文字发光效果，使用拷贝图层样式命令和粘贴样式命令复制文字发光效果，如图 8-26 所示。

【效果所在位置】光盘/Ch08/效果/增强图像的色彩鲜艳度.psd。

图 8-26

1．添加并调整图像颜色

（1）按 Ctrl + O 组合键，打开光盘中的"Ch08 > 素材 > 增强图像的色彩鲜艳度 > 01"文件，图像效果如图 8-27 所示。

（2）选择菜单"图像 > 调整 > 变化"命令，弹出"变化"对话框，单击"加深蓝色"缩略图和"较暗"缩览图，其他选项的设置如图 8-28 所示，单击"确定"按钮，效果如图 8-29 所示。

图 8-27

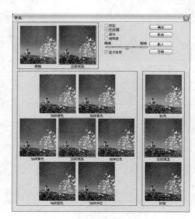

图 8-28

图 8-29

2．编辑文字

（1）选择"横排文字"工具 T，分别在属性栏中选择合适的字体并设置大小，在图像窗口中分别输入需要的白色文字，选取不同的文字并调整文字的间距，如图 8-30 所示，在"图层"控制面板中生成新的文字图层，如图 8-31 所示。

（2）选中"REVERIE"文字图层。单击"图层"控制面板下方的"添加图层样式"按钮 fx，在弹

图 8-30

图 8-31

出的菜单中选择"外发光"选项，弹出"外发光"对话框，将发光颜色设为白色，其他选项的设置如图 8-32 所示。单击"确定"按钮，文字效果如图 8-33 所示。

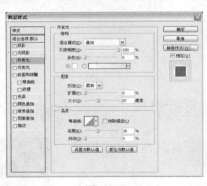

图 8-32   图 8-33

（3）用鼠标右键单击"REVERIE"文字图层，在弹出的菜单中选择"拷贝图层样式"命令，在其他的文字图层上单击鼠标右键，在弹出的菜单中选择"粘贴图层样式"命令，文字效果如图 8-34 所示。图像的色彩鲜艳度被增强，效果如图 8-35 所示。

图 8-34   图 8-35

8.1.7   变化

选择菜单"图像 > 调整 > 变化"命令，弹出"变化"对话框，如图 8-36 所示。

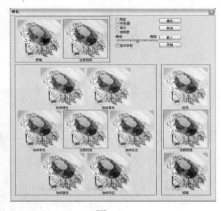

图 8-36

在对话框中，上方中间的 4 个选项，可以控制图像色彩的改变范围。下方的滑块用于设置调整的等级。左上方的两幅图像显示的是图像的原始效果和调整后的效果。左下方区域是七幅小图像，可以选择增加不同的颜色效果，调整图像的亮度、饱和度等色彩值。右侧区域是三幅小图像，用于调整图像的亮度。勾选"显示修剪"复选框，在图像色彩调整超出色彩空间时显示超色域。

8.1.8　自动颜色

自动颜色命令可以对图像的色彩进行自动调整。按 Shift+Ctrl+B 组合键，可以对图像的色彩进行自动调整。

8.1.9　色调均化

色调均化命令用于调整图像或选区像素的过黑部分，使图像变得明亮，并将图像中其他的像素平均分配在亮度色谱中。选择菜单"图像 > 调整 > 色调均化"命令，在不同的色彩模式下图像将产生不同的效果，如图 8-37 所示。

原始图像效果　　　　RGB 色调均化的效果　　　CMYK 色调均化的效果　　　LAB 色调均化的效果

图 8-37

命令介绍

色阶命令：用于调整图像的对比度、饱和度及灰度。

渐变映射命令：用于将图像的最暗和最亮色调映射为一组渐变色中的最暗和最亮色调。

阴影/高光命令：用于快速改善图像中曝光过度或曝光不足区域的对比度，同时保持照片的整体平衡。

色相/饱和度命令：可以调节图像的色相和饱和度。

8.1.10　课堂案例——制作怀旧照片

【案例学习目标】学习使用不同的调色命令调整照片颜色。

【案例知识要点】使用阴影/高光命令调整图片颜色，使用渐变映射命令为图像添加渐变效果，使用色阶、色相/饱和度命令调整图像颜色，如图 8-38 所示。

【效果所在位置】光盘/Ch08/效果/制作怀旧照片.psd。

（1）按 Ctrl + O 组合键，打开光盘中的"Ch08 > 素材 > 制作怀旧照片 > 01"文件，图像效果如图 8-39 所示。选择菜单"图像 > 调整 > 阴影/高光"命令，弹出对话框，勾选"显示更多选项"复选框，在弹出的对话框中进行

图 8-38

设置，如图 8-40 所示。单击"确定"按钮，效果如图 8-41 所示。

图 8-39　　　　　　　　　　图 8-40　　　　　　　　　　图 8-41

（2）选择菜单"图像 > 调整 > 渐变映射"命令，弹出对话框，单击"点按可编辑渐变"按钮 ，弹出"渐变编辑器"对话框，在"位置"选项中分别输入 0、41、100 三个位置点，分别设置三个位置点颜色的 RGB 值为：0（12、6、102），41（233、150、5），100（248、234、195），如图 8-42 所示，单击"确定"按钮，返回到"渐变映射"对话框，选项的设置如图 8-43 所示。单击"确定"按钮，效果如图 8-44 所示。

图 8-42　　　　　　　　　　　图 8-43　　　　　　　　　　图 8-44

（3）选择菜单"图像 > 调整 > 色阶"命令，在弹出的对话框中进行设置，如图 8-45 所示。单击"确定"按钮，效果如图 8-46 所示。选择菜单"图像 > 调整 > 色相/饱和度"命令，在弹出的对话框中进行设置，如图 8-47 所示。单击"确定"按钮，效果如图 8-48 所示。

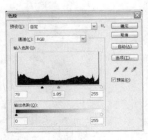   

图 8-45　　　　　　图 8-46　　　　　　图 8-47　　　　　　图 8-48

（4）按 Ctrl + O 组合键，打开光盘中的"Ch08 > 素材 > 制作怀旧照片 > 02"文件，选择"移动"工具 ，将文字拖曳到图像窗口的下方，效果如图 8-49 所示，在"图层"控制面板中生成新图层并将其命名为"文字说明"。怀旧照片效果制作完成，如图 8-50 所示。

图 8-49

图 8-50

8.1.11　色阶

打开一幅图像，如图 8-51 所示，选择"色阶"命令，或按 Ctrl+L 组合键，弹出"色阶"对话框，如图 8-52 所示。

图 8-51

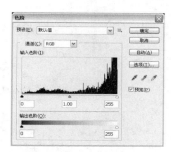
图 8-52

对话框中间是一个直方图，其横坐标为 0~255，表示亮度值，纵坐标为图像的像素数值。

通道：可以从其下拉列表中选择不同的颜色通道来调整图像，如果想选择两个以上的色彩通道，要先在"通道"控制面板中选择所需要的通道，再调出"色阶"对话框。

输入色阶：控制图像选定区域的最暗和最亮色彩，通过输入数值或拖曳三角滑块来调整图像。左侧的数值框和黑色滑块用于调整黑色，图像中低于该亮度值的所有像素将变为黑色。中间的数值框和灰色滑块用于调整灰度，其数值范围为 0.01~9.99。1.00 为中性灰度，数值大于 1.00 时，将降低图像中间灰度，小于 1.00 时，将提高图像中间灰度。右侧的数值框和白色滑块用于调整白色，图像中高于该亮度值的所有像素将变为白色。

调整"输入色阶"选项的 3 个滑块后，图像产生的不同色彩效果如图 8-53 所示。

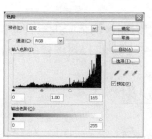

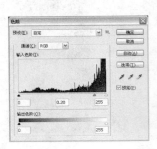

图 8-53

输出色阶：可以通过输入数值或拖曳三角滑块来控制图像的亮度范围。左侧数值框和黑色滑块用于调整图像的最暗像素的亮度。右侧数值框和白色滑块用于调整图像的最亮像素的亮度。输出色阶的调整将增加图像的灰度，降低图像的对比度。

调整"输出色阶"选项的 2 个滑块后，图像产生的不同色彩效果，如图 8-54 所示。

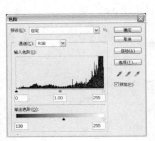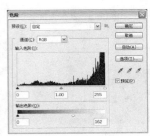

图 8-54

自动：可自动调整图像并设置层次。选项：单击此按钮，弹出"自动颜色校正选项"对话框，系统将以 0.10%色阶来对图像进行加亮和变暗。

取消：按住 Alt 键，"取消"按钮转换为"复位"按钮，单击此按钮可以将刚调整过的色阶复位还原，可以重新进行设置。∥∥∥：分别为黑色吸管工具、灰色吸管工具和白色吸管工具。选中黑色吸管工具，用鼠标在图像中单击，图像中暗于单击点的所有像素都会变为黑色。用灰色吸管工具在图像中单击，单击点的像素都会变为灰色，图像中的其他颜色也会相应地调整。用白色吸管工具在图像中单击，图像中亮于单击点的所有像素都会变为白色。双击任意吸管工具，在弹出的颜色选择对话框中设置吸管颜色。预览：勾选此复选框，可以即时显示图像的调整结果。

8.1.12　自动色阶

自动色阶命令可以对图像的色阶进行自动调整。系统将以 0.10%色阶来对图像进行加亮和变暗。按 Shift+Ctrl+L 组合键，可以对图像的色阶进行自动调整。

8.1.13　渐变映射

原始图像效果如图 8-55 所示，选择菜单"图像 > 调整 > 渐变映射"命令，弹出"渐变映射"

对话框，如图 8-56 所示。单击"灰度映射所用的渐变"选项的色带，在弹出的"渐变编辑器"对话框中设置渐变色，如图 8-57 所示。单击"确定"按钮，图像效果如图 8-58 所示。

图 8-55

图 8-56

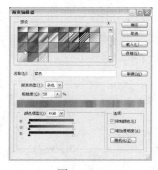

图 8-57

图 8-58

灰度映射所用的渐变：用于选择不同的渐变形式。仿色：用于为转变色阶后的图像增加仿色。反向：用于将转变色阶后的图像颜色反转。

8.1.14 阴影/高光

图像的原始效果如图 8-59 所示，选择菜单"图像 > 调整 > 阴影/高光"命令，弹出"阴影/高光"对话框，在对话框中进行设置，如图 8-60 所示。单击"确定"按钮，效果如图 8-61 所示。

图 8-59

图 8-60

图 8-61

8.1.15 色相/饱和度

原始图像效果如图 8-62 所示，选择菜单"图像 > 调整 > 色相/饱和度"命令，或按 Ctrl+U

组合键，弹出"色相/饱和度"对话框，在对话框中进行设置，如图 8-63 所示。单击"确定"按钮，效果如图 8-64 所示。

图 8-62   图 8-63   图 8-64

预设：用于选择要调整的色彩范围，可以通过拖曳各选项中的滑块来调整图像的色相、饱和度和明度。着色：用于在由灰度模式转化而来的色彩模式图像中填加需要的颜色。

原始图像效果如图 8-65 所示，在"色相/饱和度"对话框中进行设置，勾选"着色"复选框，如图 8-66 所示，单击"确定"按钮后图像效果如图 8-67 所示。

图 8-65   图 8-66   图 8-67

命令介绍

可选颜色命令：能够将图像中的颜色替换成选择后的颜色。

曝光度命令：用于调整图像的曝光度。

8.1.16   课堂案例——调整照片的色彩与明度

【案例学习目标】学习使用不同的调色命令调整图片的颜色，使用绘图工具涂抹图像。

【案例知识要点】使用可选颜色命令、曝光度命令调整图片颜色，使用画笔工具涂抹图像，如图 8-68 所示。

【效果所在位置】光盘/Ch08/效果/调整照片的色彩与明度.psd。

（1）按 Ctrl + O 组合键，打开光盘中的"Ch08 > 素材 > 调整照片的色彩与明度 > 01"文件，图像效果如图 8-69 所示。

（2）将"背景"图层拖曳到控制面板下方的"创建新图层"按钮 ▣ 上进行复制，生成新图层"背景副本"。选择菜单"图像 > 调整 > 可选颜色"命令，在弹出的对话框中进行设置，如图 8-70 所

图 8-68

图 8-69

示。单击"颜色"选项右侧的按钮 ，在弹出的菜单中选择"蓝色"选项，在相应的对话框中进行设置，如图 8-71 所示。单击"确定"按钮，效果如图 8-72 所示。

图 8-70 图 8-71 图 8-72

（3）将前景色设为黑色。单击"图层"控制面板下方的"添加图层蒙版"按钮 ，为"背景副本"图层添加蒙版。选择"画笔"工具 ，在属性栏中单击"画笔"选项右侧的按钮 ，弹出画笔选择面板，在面板中选择需要的画笔形状，将"大小"选项设为 100px，"硬度"选项设为 70%，如图 8-73 所示，在人物脸部、胳膊及腿部拖曳鼠标涂抹图像。在属性栏中将画笔的"不透明度"选项设为 80%，适当的调整画笔笔触大小，再次拖曳鼠标涂抹图像，效果如图 8-74 所示。

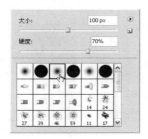 

图 8-73 图 8-74

（4）选择菜单"图像 > 调整 > 曝光度"命令，在弹出的对话框中进行设置，如图 8-75 所示，单击"确定"按钮，效果如图 8-76 所示。照片的色彩与明度调整完成。

图 8-75 图 8-76

8.1.17 可选颜色

原始图像效果如图 8-77 所示，选择菜单"图像 > 调整 > 可选颜色"命令，弹出"可选颜色"对话框，在对话框中进行设置，如图 8-78 所示。单击"确定"按钮，调整后的图像效果如图 8-79 所示。

图 8-77　　　　　　　　　　图 8-78　　　　　　　　　　图 8-79

颜色：在其下拉列表中可以选择图像中含有的不同色彩，可以通过拖曳滑块调整青色、洋红、黄色、黑色的百分比。方法：确定调整方法是"相对"或"绝对"。

8.1.18　曝光度

原始图像效果如图 8-80 所示，选择菜单"图像 > 调整 > 曝光度"命令，弹出"曝光度"对话框，进行设置后如图 8-81 所示。单击"确定"按钮，即可调整图像的曝光度，如图 8-82 所示。

图 8-80　　　　　　　　　　图 8-81　　　　　　　　　　图 8-82

曝光度：调整色彩范围的高光端，对极限阴影的影响很轻微。位移：使阴影和中间调变暗，对高光的影响很轻微。灰度系数校正：使用乘方函数调整图像灰度系数。

8.1.19　照片滤镜

照片滤镜命令用于模仿传统相机的滤镜效果处理图像，通过调整图片颜色可以获得各种丰富的效果。打开一幅图片，选择菜单"图像 > 调整 > 照片滤镜"命令，弹出"照片滤镜"对话框，如图 8-83 所示。

图 8-83

滤镜：用于选择颜色调整的过滤模式。颜色：单击此选项的图标，弹出"选择滤镜颜色"对话框，可以在对话框中设置精确颜色对图像进行过滤。浓度：拖动此选项的滑块，设置过滤颜色的百分比。保留明度：勾选此复选框进行调整时，图片的白色部分颜色保持不变，取消勾选此复选框，则图片的全部颜色都随之改变，效果如图 8-84 所示。

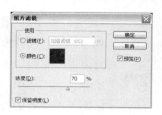  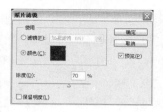

图 8-84

8.2 特殊颜色处理

应用特殊颜色处理命令可以使图像产生丰富的变化。

命令介绍

去色命令：能够去除图像中的颜色。

阈值命令：可以提高图像色调的反差度。

色调分离命令：用于将图像中的色调进行分离，主要用于减少图像中的灰度。

8.2.1 课堂案例——制作特殊色彩的风景画

【案例学习目标】学习使用不同的调色命令调整风景画的颜色，使用特殊颜色处理命令及滤镜制作特殊效果。

【案例知识要点】使用色调分离命令、曲线命令和混合模式命令调整图像颜色，使用高斯模糊滤镜制作图像模糊效果，使用阈值、通道混合器命令和图层蒙版改变图像的颜色，如图 8-85 所示。

【效果所在位置】光盘/Ch08/效果/制作特殊色彩的风景画.psd。

图 8-85

1. 调整图片颜色

（1）按 Ctrl + O 组合键，打开光盘中的"Ch08 > 素材 > 制作特殊色彩的风景画 > 01"文件，效果如图 8-86 所示。将"背景"图层拖曳到控制面板下方的"创建新图层"按钮 上进行复制，生成新图层"背景副本"。单击"背景副本"图层左边的眼睛图标 ，隐藏图层，如图 8-87 所示。

（2）选择"背景"图层。单击"图层"控制面板下方的"创建新的填充或调整图层"按钮 ，在弹出的菜单中选择"色调分离"命令，在"图层"控制面板中生成"色调分离 1"图层，同时弹出"色调分离"面板，进行设置，如图 8-88 所示，按 Enter 键，图像效果如图 8-89 所示。

图 8-86   图 8-87   图 8-88   图 8-89

（3）在"图层"控制面板上方，将"色调分离 1"图层的混合模式选项设为"柔光"，效果如图 8-90 所示。单击"图层"控制面板下方的"创建新的填充或调整图层"按钮 ，在弹出的菜单中选择"曲线"命令，在"图层"控制面板中生成"曲线 1"图层，同时弹出"曲线"面板，在曲线上单击鼠标添加控制点，将"输入"选项设为 62，"输出"选项设为 88，如图 8-91 所示。单击"修改各个通道的曲线"按钮 ，在弹出的列表中选择"红"通道，切换到相应的面板，单击"自动"按钮，将"输入"选项设为 214，"输出"选项设为 255，如图 8-92 所示。

图 8-90

图 8-91 　　　　　　　　　　　　　图 8-92

（4）再次单击"修改各个通道的曲线"按钮 ，在弹出的列表中选择"绿"通道，切换到相应的面板，单击"自动"按钮，将"输入"选项设为 240，"输出"选项设为 255。选中曲线下方的控制点，将"输入"选项设为 63，"输出"选项设为 0，如图 8-93 所示。

（5）再次单击"修改各个通道的曲线"按钮 ，在弹出的列表中选择"蓝"通道，切换到相应的面板，单击"自动"按钮，将"输入"选项设为 238，"输出"选项设为 255。选中曲线下方的控制点，将"输入"选项设为 66，"输出"选项设为 0，如图 8-94 所示，按 Enter 键，效果如图 8-95 所示。

图 8-93

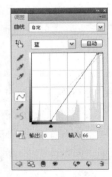

图 8-94

图 8-95

（6）在"图层"控制面板上方，将"曲线 1"图层的混合模式选项设为"颜色"，如图 8-96 所示，效果如图 8-97 所示。选择并显示"背景副本"图层，在控制面板上方，将"背景副本"图层的混合模式选项设为"正片叠底"，效果如图 8-98 所示。

（7）按 Ctrl + O 组合键，打开光盘中的"Ch08 > 素材 > 制作特殊色彩的风景画 > 02"文件，选择"移动"工具 ，将天空图片拖曳到图像窗口的上方，如图 8-99 所示，在"图层"控制面板中生成新图层并将其命名为"天空"。在控制面板上方，将"天空"图层的混合模式选项设为"叠加"，效果如图 8-100 所示。

图 8-96　　　　图 8-97　　　　图 8-98　　　　图 8-99　　　　图 8-100

（8）将"天空"图层拖曳到控制面板下方的"创建新图层"按钮上进行复制，生成新图层"天空副本"。按 Ctrl+T 组合键，图像周围出现变换框，在变换框内单击鼠标右键，在弹出的菜单中选择"垂直翻转"命令，并将图片垂直向下拖曳到适当的位置，按 Enter 键确定操作，效果如图 8-101 所示。

（9）单击"图层"控制面板下方的"添加图层蒙版"按钮，为"天空副本"图层添加蒙版。选择"渐变"工具，单击属性栏中的"点按可编辑渐变"按钮，弹出"渐变编辑器"对话框，将渐变色设为从黑色到白色，如图 8-102 所示，单击"确定"按钮。选中"线性渐变"按钮，按住 Shift 键的同时，在图像窗口中从下至中心拖曳渐变色，效果如图 8-103 所示。

图 8-101　　　　　図 8-102　　　　　图 8-103

2．调整图像整体颜色

（1）在"图层"控制面板中，按住 Shift 键的同时，选中"天空副本"和"背景"图层中间的所有图层，如图 8-104 所示。将其拖曳到控制面板下方的"创建新图层"按钮上进行复制，生成新的副本图层。按 Ctrl+E 组合键，合并复制出的图层并将其命名为"模糊图形"，如图 8-105 所示。选择菜单"图像 > 调整 > 去色"命令，去除图像颜色，效果如图 8-106 所示。

图 8-104　　　　　图 8-105　　　　　图 8-106

143

（2）选择菜单"滤镜 > 模糊 > 高斯模糊"命令，在弹出的对话框中进行设置，如图 8-107 所示。单击"确定"按钮，效果如图 8-108 所示。在"图层"控制面板上方，将"模糊图形"图层的混合模式选项设为"柔光"，效果如图 8-109 所示。

图 8-107　　　　　　　　　图 8-108　　　　　　　　　图 8-109

（3）单击"图层"控制面板下方的"创建新的填充或调整图层"按钮，在弹出的菜单中选择"阈值"命令，在"图层"控制面板中生成"阈值 1"图层，同时弹出"阈值"面板，进行设置，如图 8-110 所示，按 Enter 键，图像效果如图 8-111 所示。

（4）在"图层"控制面板上方，将"阈值 1"图层的混合模式选项设为"柔光"，效果如图 8-112 所示。

图 8-110　　　　　　　　　图 8-111　　　　　　　　　图 8-112

（5）在"图层"控制面板中，单击"阈值 1"图层的蒙版缩览图，如图 8-113 所示，使其处于编辑状态。选择"渐变"工具，选项的设置同上，按住 Shift 键的同时，在图像窗口从中心水平至下拖曳渐变色，效果如图 8-114 所示。

图 8-113　　　　　　　　图 8-114

（6）单击"图层"控制面板下方的"创建新的填充或调整图层"按钮 ，在弹出的菜单中选择"通道混合器"命令，在"图层"控制面板中生成"通道混合器 1"图层，同时"通道混合器"面板，进行设置，如图 8-115 所示，按 Enter 键，图像效果如图 8-116 所示。

（7）按 Ctrl + O 组合键，打开光盘中的"Ch08 > 素材 > 制作特殊色彩的风景画 > 03"文件，选择"移动"工具 ，将文字拖曳到图像窗口的左上方，效果如图 8-117 所示，在"图层"控制面板中生成新图层并将其命名为"文字说明"。特殊色彩的风景画制作完成，图像效果如图 8-118 所示。

图 8-115　　　　　图 8-116　　　　　图 8-117　　　　　图 8-118

8.2.2　去色

选择菜单"图像 > 调整 > 去色"命令，或按 Shift+Ctrl+U 组合键，可以去掉图像中的色彩，使图像变为灰度图，但图像的色彩模式并不改变。"去色"命令可以对图像的选区使用，将选区中的图像进行去掉图像色彩的处理。

8.2.3　阈值

原始图像效果如图 8-119 所示，选择菜单"图像 > 调整 > 阈值"命令，弹出"阈值"对话框，在对话框中拖曳滑块或在"阈值色阶"选项的数值框中输入数值，可以改变图像的阈值，系统将使大于阈值的像素变为白色，小于阈值的像素变为黑色，使图像具有高度反差，如图 8-120 所示。单击"确定"按钮，图像效果如图 8-121 所示。

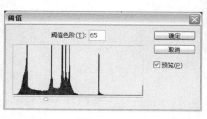

图 8-119　　　　　图 8-120　　　　　图 8-121

8.2.4 色调分离

原始图像效果如图 8-122 所示，选择菜单"图像 > 调整 > 色调分离"命令，弹出"色调分离"对话框，如图 8-123 所示进行设置，单击"确定"按钮，图像效果如图 8-124 所示。

| 图 8-122 | 图 8-123 | 图 8-124 |

色阶：可以指定色阶数，系统将以 256 阶的亮度对图像中的像素亮度进行分配。色阶数值越高，图像产生的变化越小。

8.2.5 替换颜色

替换颜色命令能够将图像中的颜色进行替换。原始图像效果如图 8-125 所示，选择菜单"图像 > 调整 > 替换颜色"命令，弹出"替换颜色"对话框。用吸管工具在花朵图像中吸取要替换的玫瑰红色，单击"替换"选项组中"结果"选项的颜色图标，弹出"选择目标颜色"对话框。将要替换的颜色设置为浅粉色，设置"替换"选项组中其他的选项，调整图像的色相、饱和度和明度，如图 8-126 所示。单击"确定"按钮，玫瑰红色的花朵被替换为浅粉色，效果如图 8-127 所示。

| 图 8-125 | 图 8-126 | 图 8-127 |

选区：用于设置"颜色容差"选项的数值，数值越大吸管工具取样的颜色范围越大，在"替换"选项组中调整图像颜色的效果越明显。勾选"选区"单选项，可以创建蒙版。

命令介绍

通道混合器命令：用于调整图像通道中的颜色。

8.2.6　课堂案例——将人物照片转换为灰度

【案例学习目标】学习使用调整命令调节图像颜色。

【案例知识要点】使用通道混合器命令调整图像颜色，使用文字工具输入文字，如图 8-128 所示。

【效果所在位置】光盘/Ch08/效果/将人物照片转换为灰度.psd。

（1）按 Ctrl + O 组合键，打开光盘中的"Ch08 > 素材 > 将人物照片转换为灰度 > 01"文件，图像效果如图 8-129 所示。选择菜单"图像 > 调整 > 通道混合器"命令，弹出对话框，勾选"单色"复选框，其他选项的设置如图 8-130 所示，单击"确定"按钮，效果如图 8-131 所示。

图 8-128

图 8-129

图 8-130

图 8-131

（2）选择"横排文字"工具 T，在属性栏中选择合适的字体并设置大小，在图像窗口中输入需要的黑色文字，效果如图 8-132 所示。将人物照片转换为灰度制作完成，如图 8-133 所示。

图 8-132

图 8-133

8.2.7　通道混合器

原始图像效果如图 8-134 所示，选择菜单"图像 > 调整 > 通道混合器"命令，弹出"通道混合器"对话框，在对话框中进行设置，如图 8-135 所示。单击"确定"按钮，图像效果如图 8-136 所示。

图 8-134

图 8-135

图 8-136

输出通道：可以选取要修改的通道。源通道：通过拖曳滑块来调整图像。常数：也可以通过拖曳滑块调整图像。单色：可创建灰度模式的图像。

 所选图像的色彩模式不同，则"通道混合器"对话框中的内容也不同。

8.2.8 匹配颜色

匹配颜色命令用于对色调不同的图片进行调整，统一成一个协调的色调。打开两张不同色调的图片，如图 8-137、图 8-138 所示。选择需要调整的图片，选择菜单"图像 > 调整 > 匹配颜色"命令，弹出"匹配颜色"对话框，在"源"选项中选择匹配文件的名称，再设置其他各选项，如图 8-139 所示，单击"确定"按钮，效果如图 8-140 所示。

图 8-137

图 8-138

图 8-139

图 8-140

目标图像：在"目标"选项中显示了所选择匹配文件的名称。如果当前调整的图中有选区，勾选"应用调整时忽略选区"复选框，可以忽略图中的选区调整整张图像的颜色；不勾选"应用调整时忽略选区"复选框，可以调整图像中选区内的颜色，效果如图 8-141、图 8-142 所示。图像选项：可以通过拖动滑块来调整图像的明亮度、颜色强度、渐隐的数值，并设置"中和"选项，用来确定调整的方式。图像统计：用于设置图像的颜色来源。

图 8-141

图 8-142

课堂练习——制作人物照片

【练习知识要点】使用去色命令将图像去色。使用色阶命令、渐变映射命令、混合模式命令改变图片的颜色，如图 8-143 所示。

【效果所在位置】光盘/Ch08/效果/制作人物照片.psd。

图 8-143

课后习题——制作汽车广告

【习题知识要点】使用混合模式命令改变天空图片的颜色。使用替换颜色命令将云彩图片替换为天空图片的颜色。使用画笔工具绘制装饰花朵。使用径向模糊、动感模糊滤镜制作彩带效果，如图 8-144 所示。

【效果所在位置】光盘/Ch08/效果/制作汽车广告.psd。

图 8-144

第9章
图层的应用

本章将主要介绍图层的基本应用知识及应用技巧，讲解图层的基本概念、基本调整方法以及混合模式、样式、智能对象图层等高级应用知识。通过本章的学习可以应用图层知识制作出多变的图像效果，可以对图像快速添加样式效果，还可以单独对智能对象图层进行编辑。

课堂学习目标

- 图层的混合模式
- 图层样式
- 新建填充和调整图层
- 图层复合、盖印图层与智能对象图层

9.1　图层的混合模式

图层混合模式在图像处理及效果制作中被广泛应用，特别是在多个图像合成方面更有其独特的作用及灵活性。

命令介绍

图层混合模式：图层混合模式中的各种样式设置，决定了当前图层中的图像与其下面图层中的图像以何种模式进行混合。

9.1.1　课堂案例——制作双景物图像

【案例学习目标】为图层添加不同的模式使图层产生多种不同的效果，使用绘图工具绘制图形。

【案例知识要点】使用图层的混合模式命令更改图像的显示效果，使用画笔工具涂抹图像，使用直线工具绘制直线，使用矩形工具绘制矩形方块，如图 9-1 所示。

【效果所在位置】光盘/Ch09/效果/制作双景物图像.psd。

图 9-1

1.　制作混合图像效果

（1）按 Ctrl + O 组合键，打开光盘中的"Ch09 > 素材 > 制作双景物图像 > 01"文件，图像效果如图 9-2 所示。将"背景"图层拖曳到控制面板下方的"创建新图层"按钮 　 上进行复制，生成新的图层"背景副本"。

（2）选择菜单"编辑 > 变换 > 水平翻转"命令，将图像水平翻转，效果如图 9-3 所示。在"图层"控制面板上方，将"背景副本"图层的混合模式选项设为"强光"，效果如图 9-4 所示。

图 9-2

图 9-3

图 9-4

（3）按 Ctrl + O 组合键，打开光盘中的"Ch09 > 素材 > 制作双景物图像 > 02"文件，选择"移动"工具 ，将云彩图片拖曳到图像窗口中，效果如图 9-5 所示，在"图层"控制面板中生成新图层并将其命名为"云彩"。将"云彩"图层的混合模式选项设为"叠加"，效果如图 9-6 所示。

（4）单击"图层"控制面板下方的"添加图层蒙版"按钮 ，为"云彩"图层添加蒙版。将前景色设为黑色。选择"画笔"工具 ，在属性栏中单击"画笔"选项右侧的按钮，弹出画笔选择面板，在面板中选择需要的画笔形状，将"大小"选项设为 500px，如图 9-7 所示。在属性栏中将画笔的"不透明度"选项设为 90%，在图像窗口的下方拖曳鼠标擦除云彩图像，图像效果如图 9-8 所示。

图 9-5

图 9-6

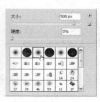

图 9-7

图 9-8

2．制作直线及特殊文字

（1）单击"图层"控制面板下方的"创建新图层"按钮 ，生成新的图层并将其命名为"直线"。将前景色设为白色。选择"直线"工具 ，选中属性栏中的"填充像素"按钮 ，并在属性栏中设置"线条粗细"为 7px，拖曳鼠标绘制直线，如图 9-9 所示。再次在属性栏中设置"线条粗细"为 5px，拖曳鼠标绘制直线，效果如图 9-10 所示。

（2）按 Ctrl + O 组合键，打开光盘中的"Ch09 > 素材 > 制作双景物图像 > 03"文件，选择"移动"工具 ，将文字拖曳到图像窗口的右上方，效果如图 9-11 所示，在"图层"控制面板中生成新图层并将其命名为"文字"。

图 9-9

图 9-10

图 9-11

（3）单击"图层"控制面板下方的"添加图层蒙版"按钮 ，为"文字"图层添加蒙版。选择"画笔"工具 ，在属性栏中单击"画笔"选项右侧的按钮 ，弹出画笔选择面板，将"大小"选项设为 9px，如图 9-12 所示。在属性栏中将"不透明度"选项设为 100%，在文字上拖曳鼠标擦除部分图像，效果如图 9-13 所示。

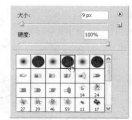

图 9-12

图 9-13

（4）单击"图层"控制面板下方的"创建新图层"按钮 ，生成新的图层并将其命名为"矩形"。将前景色设为白色。选择"矩形"工具 ，选中属性栏中的"填充像素"按钮 ，按住 Shift 键的同时，在图像窗口的左上角绘制矩形，如图 9-14 所示。在"图层"控制面板上方，将"矩形"图层的混合模式选项设为"叠加"，效果如图 9-15 所示。双景物图像效果制作完成，如图 9-16 所示。

图 9-14

图 9-15

图 9-16

9.1.2 图层混合模式

图层的混合模式命令用于为图层添加不同的模式，使图层产生不同的效果。在"图层"控制面板中，"设置图层的混合模式"选项  用于设定图层的混合模式，它包含有 27 种模式。

打开一幅图像如图 9-17 所示，"图层"控制面板中的效果如图 9-18 所示。

图 9-17　　　　　　　　　　　　图 9-18

在对"人物"图层应用不同的图层模式后，图像效果如图 9-19 所示。

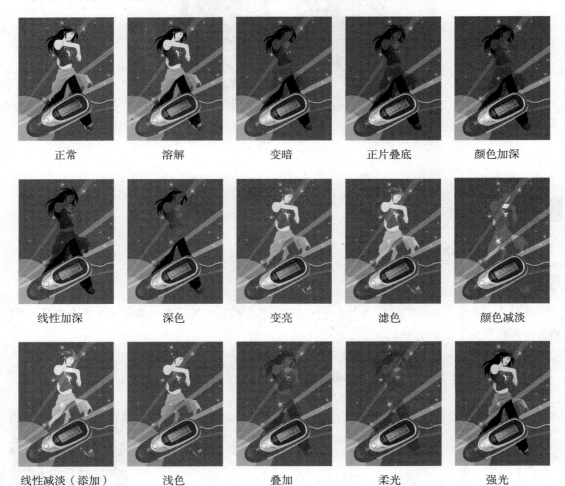

153

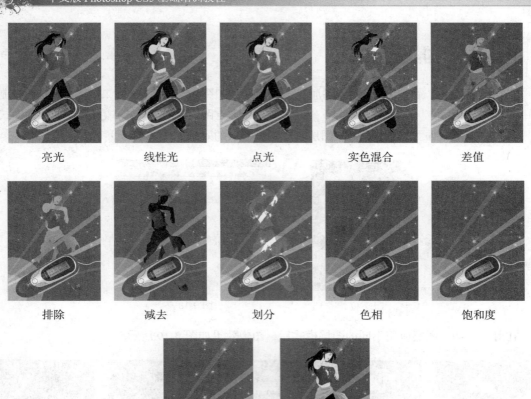

| 亮光 | 线性光 | 点光 | 实色混合 | 差值 |

| 排除 | 减去 | 划分 | 色相 | 饱和度 |

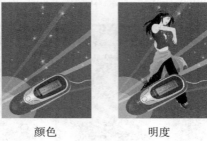

| 颜色 | 明度 |

图 9-19

9.2 图层样式

图层特殊效果命令用于为图层添加不同的效果，使图层中的图像产生丰富的变化。

命令介绍

图层样式命令：应用图层样式命令可以为图像添加投影、外发光、斜面和浮雕等效果，可以制作特殊效果的文字和图形。

9.2.1 课堂案例——制作水晶球效果

【案例学习目标】为图层添加不同的样式效果使图像颜色变化。

【案例知识要点】使用添加图层样式命令为图像添加特殊效果，如图 9-20 所示。

【效果所在位置】光盘/Ch09/效果/制作水晶球效果.psd。

图 9-20

1. 为形状图形添加样式

（1）按 Ctrl + O 组合键，打开光盘中的"Ch09 > 素材 > 制作水晶球效果 > 01"文件，图像效果如图 9-21 所示。

（2）按 Ctrl + O 组合键，打开光盘中的"Ch09 > 素材 > 制作水晶球效果 > 02"文件，选择"移动"工具，将形状图片拖曳到图像窗口中的中心位置，在控制面板中生成新图层并将其命名为"形状"。在控制面板上方，将"形状"图层"填充"选项设为 90%，效果如图 9-22 所示。

图 9-21

（3）单击"图层"控制面板下方的"添加图层样式"按钮 *fx.*，在弹出的菜单中选择"投影"命令，弹出对话框，进行设置，如图 9-23 所示。选择"内阴影"选项，切换到相应的对话框，进行设置，如图 9-24 所示。选择"外发光"选项，切换到相应的对话框，将发光颜色设为橙色（其 R、G、B 值分别为 255、156、0），其他选项的设置如图 9-25 所示，单击"确定"按钮，效果如图 9-26 所示。

图 9-22

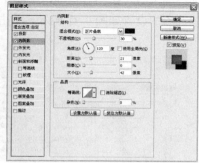

图 9-23　　　　　　　　　　　　　　　　图 9-24

图 9-25

图 9-26

（4）单击"图层"控制面板下方的"添加图层样式"按钮 *fx.*，在弹出的菜单中选择"内发光"命令，弹出对话框，将发光颜色设为褐色（其 R、G、B 值分别为 152、91、42），其他选项的设置如图 9-27 所示。选择"斜面和浮雕"选项，切换到"斜面和浮雕"对话框，单击"光泽等高线"选项右侧的图标，弹出"等高线编辑器"对话框，在等高线上单击鼠标添加两个控制点，分别将"输入"、"输出"选项设为（69、0），（87、84），如图 9-28 所示，单击"确定"按钮，返回到"斜面和浮雕"对话框，将高光颜色设为黄色（其 R、G、B 值分别为 213、209、169），其他选项的设置如图 9-29 所示。

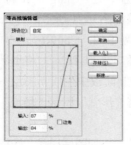

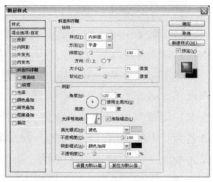

图 9-27　　　　　　　　　　图 9-28　　　　　　　　　　图 9-29

（5）选择对话框左侧的"等高线"选项，切换到相应的控制面板，单击"等高线"选项，弹出"等高线编辑器"对话框，在等高线上单击鼠标添加两个控制点，分别将"输入"、"输出"选项设为（27、3），（59、56），如图 9-30 所示，单击"确定"按钮，返回到"等高线"对话框，其他选项的设置如图 9-31 所示。单击"确定"按钮，效果如图 9-32 所示。

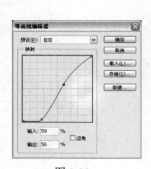

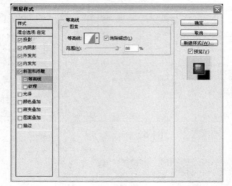

图 9-30　　　　　　　　　　图 9-31　　　　　　　　　　图 9-32

（6）单击"图层"控制面板下方的"添加图层样式"按钮 _fx.___，在弹出的菜单中选择"光泽"命令，弹出对话框，将效果颜色设为黄色（其 R、G、B 值分别为 255、198、0）。单击"等高线"选项右侧的按钮·，在弹出的面板中选择"环形"选项，如图 9-33 所示，其他选项的设置如图 9-34 所示，单击"确定"按钮，效果如图 9-35 所示。

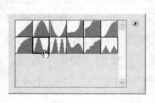

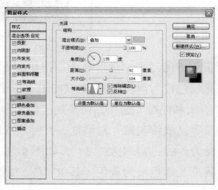

图 9-33　　　　　　　　　　图 9-34　　　　　　　　　　图 9-35

2. 制作圆形

（1）单击"图层"控制面板下方的"创建新图层"按钮，生成新的图层并将其命名为"圆形"。将前景色设为蓝色（其 R、G、B 的值分别为 55、153、215）。选择"椭圆选框"工具，按住 Shift 键的同时，在图像窗口中绘制圆形选区。

（2）选择"渐变"工具，单击属性栏中的"点按可编辑渐变"按钮，弹出"渐变编辑器"对话框，在"位置"选项中分别输入 0、50、100 三个位置点，分别设置三个位置点颜色的 RGB 值为：0（55、153、215），50（159、255、255），100（255、255、255），如图 9-36 所示，并单击"确定"按钮。在属性栏中选择"径向渐变"按钮，勾选"反向"复选框，按住 Shift 键的同时，在选区中从下至上拖曳渐变色，效果如图 9-37 所示。按 Ctrl+D 组合键，取消选区。

图 9-36

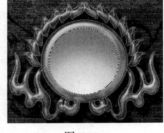

图 9-37

（3）选择菜单"图层 > 图层样式 > 内阴影"命令，在弹出的对话框中进行设置，如图 9-38 所示。选择"内发光"选项，切换到相应的控制面板，将发光颜色设为黑色，其他选项的设置如图 9-39 所示，单击"确定"按钮，效果如图 9-40 所示。

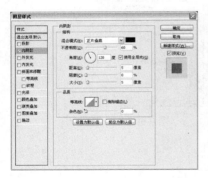

图 9-38

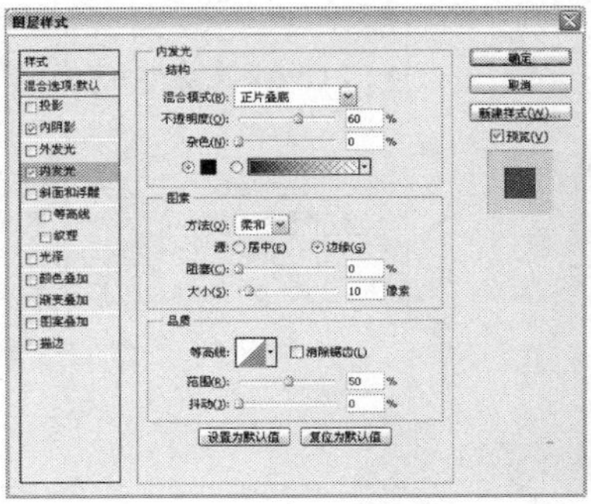

图 9-39

图 9-40

（4）按 Ctrl + O 组合键，打开光盘中的"Ch09 > 素材 > 制作水晶球效果 > 03"文件，选择"移动"工具，将高光图形拖曳到图像窗口中圆形的中心位置，效果如图 9-41 所示，在"图层"控制面板中生成新图层并将其命名为"高光"。水晶球效果制作完成，如图 9-42 所示。

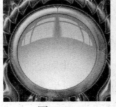

图 9-41

图 9-42

9.2.2 样式控制面板

"样式"控制面板用于存储各种图层特效，并将其快速地套用在要编辑的对象中，这样，可以节省操作步骤和操作时间。

选择要添加样式的文字，如图 9-43 所示。选择菜单"窗口 > 样式"命令，弹出"样式"控制面板，单击控制面板右上方的图标，在弹出的菜单中选择"Web 样式"命令，弹出提示对话框，如图 9-44 所示，单击"追加"按钮，样式被载入到控制面板中，选择"黄色回环"样式，如图 9-45 所示，文字被添加上样式，效果如图 9-46 所示。

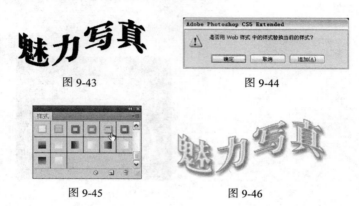

图 9-43   图 9-44

图 9-45   图 9-46

样式添加完成后，"图层"控制面板中的效果如图 9-47 所示。如果要删除其中某个样式，将其直接拖曳到控制面板下方的"删除图层"按钮 上即可，如图 9-48 所示，删除后的效果如图 9-49 所示。

图 9-47   图 9-48   图 9-49

9.2.3 图层样式

Photoshop CS5 提供了多种图层样式可供选择，可以单独为图像添加一种样式，还可同时为图像添加多种样式。

单击"图层"控制面板右上方的图标，将弹出命令菜单，选择"混合选项"命令，弹出"混合选项"对话框，如图 9-50 所示。此对话框用于对当前图层进行特殊效果的处理。单击对话框左侧的任意选项，将弹出相应的效果对话框。

还可以单击"图层"控制面板下方的"添加图层样式"按钮 *fx*，弹出其菜单命令，如图 9-51 所示。

图 9-50   图 9-51

投影命令用于使图像产生阴影效果。内阴影命令用于使图像内部产生阴影效果。外发光命令用于在图像的边缘外部产生一种辉光效果，效果如图 9-52 所示。

投影   内阴影   外发光

图 9-52

内发光命令用于在图像的边缘内部产生一种辉光效果。斜面和浮雕命令用于使图像产生一种倾斜与浮雕的效果。光泽命令用于使图像产生一种光泽的效果。效果如图 9-53 所示。

内发光   斜面和浮雕   光泽

图 9-53

颜色叠加命令用于使图像产生一种颜色叠加效果。渐变叠加命令用于使图像产生一种渐变叠加效果。图案叠加命令用于在图像上添加图案效果。效果如图 9-54 所示。描边命令用于为图像描边。效果如图 9-55 所示。

颜色叠加   渐变叠加   图案叠加   描边

图 9-54   图 9-55

9.3 新建填充和调整图层

应用填充和调整图层命令可以通过多种方式对图像进行填充和调整，使图像产生不同的效果。

命令介绍

新建填充和调整图层命令：可以对现有图层添加一系列的特殊效果。

9.3.1 课堂案例——处理人物外景照片

【案例学习目标】学习使用填充和调整图层命令制作照片，使用图层样式命令为照片添加特殊效果。

【案例知识要点】使用图层的混合模式命令更改图像的显示效果，使用填充命令对选区填充颜色，使用色相/饱和度、色阶命令调整图像颜色，使用添加图层样式命令为图片添加特殊样式，如图 9-56 所示。

【效果所在位置】光盘/Ch09/效果/处理人物外景照片.psd。

图 9-56

1. 制作圆形及文字

（1）按 Ctrl + O 组合键，打开光盘中的"Ch09 > 素材 > 处理人物外景照片 > 01"文件，图像效果如图 9-57 所示。将"背景"图层拖曳到控制面板下方的"创建新图层"按钮 上进行复制，生成新图层"背景副本"。在控制面板上方，将"背景副本"图层的混合模式选项设为"柔光"，效果如图 9-58 所示。

（2）按 Ctrl + O 组合键，打开光盘中的"Ch09 > 素材 > 处理人物外景照片 > 02"文件，选择"移动"工具 ，将文字拖曳到图像窗口的右上方，效果如图 9-59 所示，在"图层"控制面板中生成新图层并将其命名为"文字"。

图 9-57

图 9-58

图 9-59

（3）选择菜单"图层 > 图层样式 > 颜色叠加"命令，弹出对话框，将叠加颜色设为暗红色（其 R、G、B 的值分别为 52、0、0），其他选项的设置如图 9-60 所示，单击"确定"按钮，效果如图 9-61 所示。

（4）选择"椭圆选框"工具 ，在按住 Shift 键的同时，拖曳鼠标绘制圆形选区，效果如图 9-62 所示。

图 9-60

图 9-61

图 9-62

（5）选择菜单"图层 > 新建填充图层 > 纯色"命令，弹出"新建图层"对话框，如图 9-63 所示，单击"确定"按钮，"图层"控制面板中生成"颜色填充 1"图层，同时弹出对话框，进行设置，如图 9-64 所示，单击"确定"按钮。

图 9-63

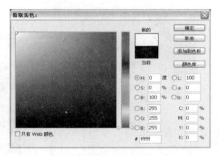

图 9-64

（6）在图层控制面板上方，将"颜色填充 1"图层的混合模式设为"柔光"，如图 9-65 所示，图像效果如图 9-66 所示。

（7）将"颜色填充 1"图层拖曳到控制面板下方的"创建新图层"按钮 上进行复制，将其复制两次，生成新的副本图层。选择"移动"工具 ，分别将复制出的副本圆形拖曳到适当的位置，并调整其大小，效果如图 9-67 所示。"图层"控制面板中的效果如图 9-68 所示。

图 9-65

图 9-66

图 9-67

图 9-68

2．制作调整图层

（1）选择菜单"图层 > 新建调整图层 > 色相/饱和度"命令，弹出"新建图层"对话框，如图 9-69 所示，单击"确定"按钮，"图层"控制面板中生成"色相/饱和度 1"图层，同时弹出"色相/饱和度"面板，在面板中进行设置，如图 9-70 所示，按 Enter 键，效果如图 9-71 所示。

图 9-69 图 9-70 图 9-71

（2）单击"色相/饱和度 1"图层的蒙版缩览图，使其处于编辑的状态。将前景色设为黑色。选择"磁性套索"工具，在图像窗口中沿着人物边缘拖曳鼠标绘制选区，如图 9-72 所示。按 Alt+Delete 组合键，用前景色填充蒙版层，如图 9-73 所示，按 Ctrl+D 组合键，取消选区，图像效果如图 9-74 所示。

图 9-72 图 9-73 图 9-74

（3）选择菜单"图层 > 新建调整图层 > 色阶"命令，弹出"新建图层"对话框，如图 9-75 所示，单击"确定"按钮，"图层"控制面板中生成"色阶 1"图层，同时弹出"色阶"面板，在面板中进行设置，如图 9-76 所示，按 Enter 键，图像效果如图 9-77 所示。

图 9-75 图 9-76 图 9-77

（4）单击"图层"控制面板下方的"创建新图层"按钮，生成新的图层并将其命名为"白色填充"。将前景色设为白色。按 Alt+Delete 组合键，用白色填充图层。在"图层"控制面板上方，将"白色填充"图层的"填充"选项设为 0%，如图 9-78 所示。

（5）单击"图层"控制面板下方的"添加图层样式"按钮 *fx.*，在弹出的菜单中选择"内阴影"命令，弹出对话框，将阴影颜色设为黑色，其他选项的设置如图 9-79 所示，单击"确定"按钮，效果如图 9-80 所示。人物外景照片处理完成。

图 9-78

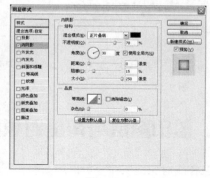
图 9-79

图 9-80

9.3.2 填充图层

当需要新建填充图层时，选择菜单"图层 > 新建填充图层"命令，或单击"图层"控制面板下方的"创建新的填充和调整图层"按钮 ⊘.，弹出填充图层的 3 种方式，如图 9-81 所示，选择其中的一种方式，将弹出"新建图层"对话框，如图 9-82 所示，单击"确定"按钮，将根据选择的填充方式弹出不同的填充对话框，以"渐变填充"为例，如图 9-83 所示，单击"确定"按钮，"图层"控制面板和图像的效果如图 9-84、图 9-85 所示。

图 9-81

图 9-82

图 9-83

图 9-84

图 9-85

9.3.3 调整图层

当需要对一个或多个图层进行色彩调整时，选择菜单"图层 > 新建调整图层"命令，或单击"图层"控制面板下方的"创建新的填充或调整图层"按钮 ⊘.，弹出调整图层的多种方式，如图 9-86 所示，选择其中的一种方式，将弹出"新建图层"对话框，如图 9-87 所示，选择不同的调整方式，将弹出不同的调整对话框，以"色阶"为例，如图 9-88 所示，按 Enter 键，"图层"控制面板和图像的效果如图 9-89、图 9-90 所示。

图 9-86

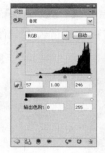  

图 9-87　　　　　图 9-88　　　　　图 9-89　　　　　图 9-90

9.4　图层复合、盖印图层与智能对象图层

应用图层复合、盖印图层、智能对象图层命令可以提高制作图像的效率，快速地得到制作过程中的步骤效果。

命令介绍

图层复合：将同一文件中的不同图层效果组合并另存为多个"图层效果组合"，可以对不同的图层复合中的效果进行比对。

盖印图层：将图像窗口中所有当前显示出来的图像合并到一个新的图层中。

智能对象图层：可以将一个或多个图层，甚至是矢量图形文件包含在 Photoshop 文件中。

9.4.1　课堂案例——制作休闲生活插画

【案例学习目标】学习使用图层复合控制面板制作复合图层。

【案例知识要点】使用渐变工具制作背景图像，使用画笔工具绘制图形，使用图层复合面板创建图层复合图层，如图 9-91 所示。

【效果所在位置】光盘/Ch09/效果/制作休闲生活插画.psd。

图 9-91

1．制作背景图像

（1）按 Ctrl + N 组合键，新建一个文件：宽度为 18cm，高度为 21 cm，分辨率为 300 像素/英寸，颜色模式为 RGB，背景内容为白色，单击"确定"按钮。

（2）单击"图层"控制面板下方的"创建新图层"按钮，生成新的图层并将其命名为"渐变"。选择"渐变"工具，单击属性栏中的"点按编辑渐变"按钮，弹出"渐变编辑器"对话框，将渐变色设为从白色到天蓝色（其 R、G、B 的值分别为 0、160、224），如图 9-92 所示，单击"确定"按钮。选中属性栏中的"线性渐变"按钮，按住 Shift 键的同时，在图像窗口中从下至上拖曳渐变色，效果如图 9-93 所示。

图 9-92　　　　　图 9-93

（3）选择菜单"窗口 > 图层复合"命令，弹出"图层复合"控制面板，如图 9-94 所示。单击"图层复合"控制面板下方的"创建新的图层复合"按钮，弹出"新建图层复合"对话框，如图 9-95 所示，单击"确定"按钮，"图层复合"控制面板如图 9-96 所示。

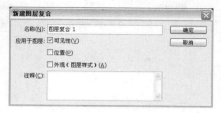

图 9-94　　　　　　　　　　　　图 9-95　　　　　　　　　　　　图 9-96

（4）单击"图层"控制面板下方的"创建新图层"按钮，生成新的图层并将其命名为"画笔"。选择"画笔"工具，单击属性栏中的"切换画笔面板"按钮，选择"画笔笔尖形状"选项，在弹出的相应面板中进行设置，单击"平滑"选项，取消选中状态，如图 9-97 所示。选择"形状动态"选项，在弹出的相应面板中进行设置，如图 9-98 所示。选择"散布"选项，在弹出的相应面板中进行设置，如图 9-99 所示。

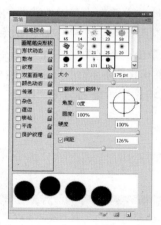

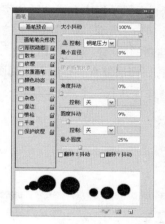

图 9-97　　　　　　　　　　　图 9-98　　　　　　　　　　　图 9-99

（5）将前景色设为白色，在图像窗口中拖曳鼠标绘制圆形，如图 9-100 所示。在"图层"控制面板上方，将"画笔"图层的"不透明度"选项设为 80%，效果如图 9-101 所示。单击"图层复合"控制面板下方的"创建新的图层复合"按钮，弹出"新建图层复合"对话框，如图 9-102 所示，单击"确定"按钮，"图层复合"控制面板如图 9-103 所示。

图 9-100　　　　图 9-101　　　　　　　图 9-102　　　　　　　　图 9-103

中文版 Photoshop CS5 基础培训教程

2. 添加图片、文字

（1）按 Ctrl + O 组合键，打开光盘中的"Ch09 > 素材 > 制作休闲生活插画 > 01"文件，选择"移动"工具 ，将图片拖曳到图像窗口的下方，效果如图 9-104 所示，在"图层"控制面板中生成新图层并将其命名为"图片"。单击"图层复合"控制面板下方的"创建新的图层复合"按钮 ，弹出"新建图层复合"对话框，如图 9-105 所示，单击"确定"按钮，"图层复合"控制面板如图 9-106 所示。

图 9-104

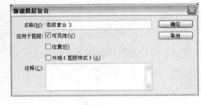
图 9-105

图 9-106

（2）选择"横排文字"工具 ，在属性栏中选择合适的字体并设置大小，输入需要的黑色文字，并适当的调整文字间距，如图 9-107 所示，在"图层"控制面板中生成新的文字图层。单击"图层复合"控制面板下方的"创建新的图层复合"按钮 ，弹出"新建图层复合"对话框，如图 9-108 所示，单击"确定"按钮，"图层复合"控制面板如图 9-109 所示。按 Ctrl+Alt+Shift+E 组合键，将每个图层中的图像复制并合并到一个新的图层中，将图层重新命名为"图像"，如图 9-110 所示。

图 9-107

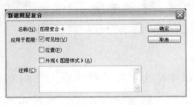
图 9-108

图 9-109

图 9-110

（3）单击"图层复合"控制面板下方的"创建新的图层复合"按钮 ，弹出"新建图层复合"对话框，如图 9-111 所示，单击"确定"按钮，"图层复合"控制面板如图 9-112 所示。

图 9-111

图 9-112

（4）启动 Illustrator CS5 软件，按 Ctrl+O 组合键，打开光盘中的 "Ch09 > 素材 > 制作休闲生活插画 > 02" 文件，按 Ctrl+A 组合键，选中图像，效果如图 9-113 所示。按 Ctrl+C 组合键，复制图像。选择 Phototshop CS5 软件，按 Ctrl+V 组合键，在弹出的 "粘贴" 对话框中进行设置，如图 9-114 所示，单击 "确定" 按钮，将图像粘贴到图像窗口中，效果如图 9-115 所示。"图层" 控制面板中自动生成 "矢量智能对象" 图层，如图 9-116 所示。

图 9-113

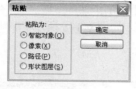
图 9-114

图 9-115

图 9-116

（5）单击 "图层" 控制面板下方的 "添加图层样式" 按钮 fx，在弹出的菜单中选择 "投影" 命令，弹出对话框，将阴影颜色设为黑色，其他选项的设置如图 9-117 所示，单击 "确定" 按钮，效果如图 9-118 所示。

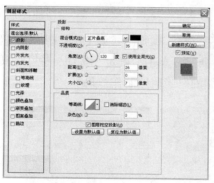

图 9-117

图 9-118

（6）单击 "图层复合" 控制面板下方的 "创建新的图层复合" 按钮 ，弹出 "新建图层复合" 对话框，如图 9-119 所示，单击 "确定" 按钮，"图层复合" 控制面板如图 9-120 所示。在 "图层复合" 控制面板中，单击 "图层复合 3" 左侧的方框，可以观察 "图层复合 3" 中的图像，在 "图层复合" 面板中如图 9-121 所示，效果如图 9-122 所示。休闲生活插画效果制作完成。

图 9-119

图 9-120

图 9-121

图 9-122

9.4.2　图层复合

将同一文件中的不同图层效果组合并另存为多个"图层效果组合"，可以对不同的图层复合中的效果进行比对。

1. 图层复合与图层复合控制面板

"图层复合"控制面板可将同一文件中的不同图层效果组合并另存为多个"图层效果组合"，可以更加方便快捷地展示和比较不同图层组合设计的视觉效果。

设计好的图像效果如图 9-123 所示，"图层"控制面板中的效果如图 9-124 所示。选择菜单"窗口 > 图层复合"命令，弹出"图层复合"控制面板，如图 9-125 所示。

图 9-123　　　　　　图 9-124　　　　　　　　图 9-125

2. 创建图层复合

单击"图层复合"控制面板右上方的图标，在弹出式菜单中选择"新建图层复合"命令，弹出"新建图层复合"对话框，如图 9-126 所示，单击"确定"按钮，建立"图层复合 1"，如图 9-127 所示，所建立的"图层复合 1"中存储的是当前的制作效果。

图 9-126　　　　　　　　　　　图 9-127

3. 应用和查看图层复合

再对图像进行修饰和编辑，图像效果如图 9-128 所示，"图层"控制面板如图 9-129 所示。选择"新建图层复合"命令，建立"图层复合 2"，如图 9-130 所示，所建立的"图层复合 2"中存储的是修饰编辑后的制作效果。

图 9-128　　　　　　图 9-129　　　　　　　　图 9-130

4．导出图层复合

在"图层复合"控制面板中，单击"图层复合 1"左侧的方框，显示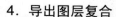图标，如图 9-131 所示，可以观察"图层复合 1"中的图像，效果如图 9-132 所示。单击"图层复合 2"左侧的方框，显示 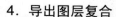图标，如图 9-133 所示，可以观察"图层复合 2"中的图像，效果如图 9-134 所示。

单击"应用选中的上一图层复合"按钮和"应用选中的下一图层复合"按钮，可以快速的对两次的图像编辑效果进行比较。

图 9-131

图 9-132

图 9-133

图 9-134

9.4.3　盖印图层

盖印图层是将图像窗口中所有当前显示出来的图像合并到一个新的图层中。

在"图层"控制面板中选中一个可见图层，如图 9-135 所示，选择 Ctrl+Alt+Shift+E 组合键，将每个图层中的图像复制并合并到一个新的图层中，如图 9-136 所示。

图 9-135

图 9-136

 提示　在执行此操作时，必须选择一个可见的图层，否则将无法实现此操作。

9.4.4　智能对象图层

智能对象全称为智能对象图层。智能对象可以将一个或多个图层，甚至是一个矢量图形文件包含在 Photoshop 文件中。以智能对象形式嵌入到 Photoshop 文件中的位图或矢量文件，与当前的 Photoshop 文件能够保持相对的独立性。当对 Photoshop 文件进行修改或对智能对象进行变形、旋转时，不会影响嵌入的位图或矢量文件。

1．创建智能对象

使用置入命令：选择菜单"文件 > 置入"命令为当前的图像文件置入一个矢量文件或位图文件。

使用转换为智能对象命令：选中一个或多个图层后，选择菜单"图层 > 智能对象 > 转换为智能对象"命令，可以将选中的图层转换为智能对象图层。

使用粘贴命令：在 Illustrator 软件中对矢量对象进行拷贝，再回到 Photoshop 软件中将拷贝的对象进行粘贴。

2. 编辑智能对象

智能对象以及"图层"控制面板中的效果如图 9-137、图 9-138 所示。

双击"小汽车"图层的缩览图，Photoshop CS5 将打开一个新文件，即为智能对象"小汽车"，如图 9-139 所示。此智能对象文件包含 1 个普通图层和 1 个调整图层，如图 9-140 所示。

图 9-137

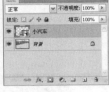
图 9-138

图 9-139

图 9-140

在智能对象文件中对图像进行修改并保存，效果如图 9-141 所示，修改操作将影响嵌入此智能对象文件的图像的最终效果，如图 9-142 所示。

图 9-141

图 9-142

课堂练习——制作日出风景画

【练习知识要点】使用纯色命令、混合模式命令、色相/饱和度命令、通道混合器命令制作照片的视觉特效。日出风景画效果如图 9-143 所示。

【效果所在位置】光盘/Ch09/效果/制作日出风景画.psd。

图 9-143

课后习题——制作视频播放器

【习题知识要点】使用钢笔工具、添加图层样式命令制作底图。使用椭圆选框工具、样式面板绘制按钮图形。使用横排文字工具添加文字。视频播放器效果如图 9-144 所示。

【效果所在位置】光盘/Ch09/效果/制作视频播放器.psd。

图 9-144

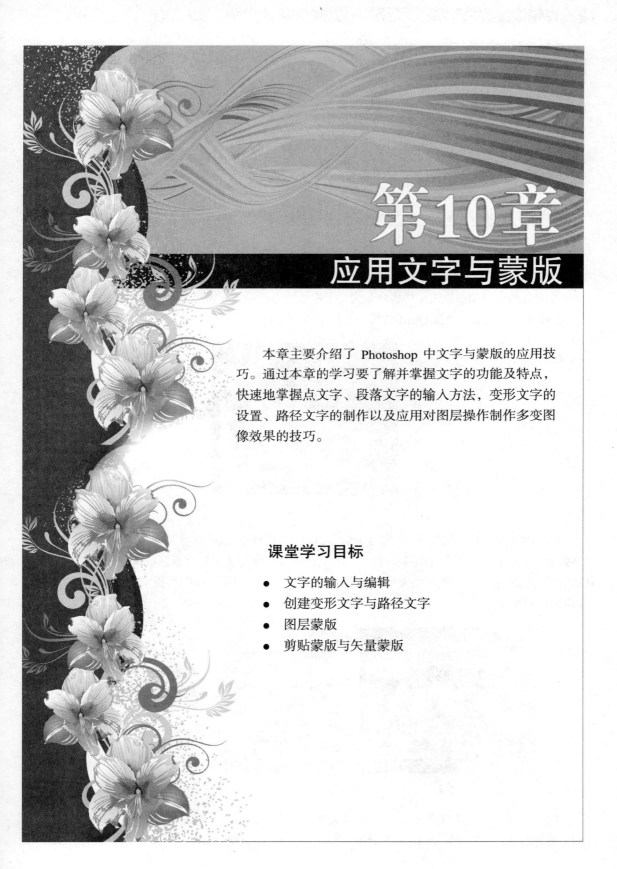

第10章

应用文字与蒙版

本章主要介绍了 Photoshop 中文字与蒙版的应用技巧。通过本章的学习要了解并掌握文字的功能及特点，快速地掌握点文字、段落文字的输入方法，变形文字的设置、路径文字的制作以及应用对图层操作制作多变图像效果的技巧。

课堂学习目标

- 文字的输入与编辑
- 创建变形文字与路径文字
- 图层蒙版
- 剪贴蒙版与矢量蒙版

10.1 文字的输入与编辑

应用文字工具输入文字并使用字符控制面板对文字进行调整。

命令介绍

横排文字工具：用于输入需要的文字。

10.1.1 课堂案例——制作个性日历

【案例学习目标】学习使用文字工具添加日历文字。

【案例知识要点】使用横排文字工具和直排文字工具输入需要的文字，使用文字变形命令制作文字变形效果，使用添加图层样式命令为文字添加描边和投影，如图 10-1 所示。

【效果所在位置】光盘/Ch10/效果/制作个性日历.psd。

图 10-1

（1）按 Ctrl+O 组合键，打开光盘中的"Ch10 > 素材 > 制作个性日历 > 01"文件，图像效果如图 10-2 所示。选择"横排文字"工具 T，输入需要的文字并分别选取文字，在属性栏中分别选择合适的字体并设置文字大小，如图 10-3 所示，在"图层"控制面板中生成新的文字图层，如图 10-4 所示。

图 10-2   图 10-3   图 10-4

（2）选择"横排文字"工具 T，选取需要的文字，设置文字填充色为深红色（其 R、G、B 的值分别为 64、17、8），如图 10-5 所示。再次选取文字"2009 May"。选择菜单"图层 > 文字 >

文字变形"命令，在弹出的对话框中进行设置，如图 10-6 所示，单击"确定"按钮，效果如图 10-7 所示。

图 10-5　　　　　　　　　　　　图 10-6　　　　　　　　　　　　图 10-7

（3）选择"直排文字"工具 IT，输入需要的白色文字并将文字选取，在属性栏中选择合适的字体并设置文字大小，效果如图 10-8 所示，在"图层"控制面板中生成新的文字图层。

（4）将"Under May Sunlight"图层拖曳到控制面板下方的"创建新图层"按钮 ▣ 上进行复制，生成新的图层"Under May Sunlight 副本"，如图 10-9 所示。按 Ctrl+T 组合键，在文字周围出现控制手柄，调整文字的大小，按 Enter 键确定操作，效果如图 10-10 所示。

图 10-8　　　　　　　　　　　　图 10-9　　　　　　　　　　　　图 10-10

（5）在"图层"控制面板上方，将该副本图层的"填充"选项设为 0%，如图 10-11 所示。单击"图层"控制面板下方的"添加图层样式"按钮 *fx.*，在弹出的菜单中选择"描边"命令，并在弹出的对话框中将描边颜色设置为白色，其他选项的设置如图 10-12 所示，单击"确定"按钮，效果如图 10-13 所示。将"Under May Sunlight 副本"图层拖曳到"Under May Sunlight"图层的下方。

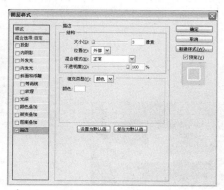

图 10-11　　　　　　　　　　　　图 10-12　　　　　　　　　　　　图 10-13

（6）在"图层"控制面板中，选中"Under May Sunlight"文字图层，将前景色设为深红色（其 R、G、B 的值分别为 64、17、8）。选择"横排文字"工具 T，输入需要的文字并将文字选取，在属性栏中选择合适的字体并设置文字大小，如图 10-14 所示，在"图层"控制面板中生成新的文字图层，如图 10-15 所示。

图 10-14   图 10-15

（7）选择"横排文字"工具 T，输入需要的白色文字并将文字选取，在属性栏中选择合适的字体并设置文字大小，如图 10-16 所示，在"图层"控制面板中生成新的文字图层。选择菜单"窗口 > 字符"命令，弹出"字符"面板，将"设置所选字符的字符间距调整"选项 AV 设置为 200，如图 10-17 所示，按 Enter 键，文字效果如图 10-18 所示。

图 10-16   图 10-17   图 10-18

（8）选择"横排文字"工具 T，分别选取需要的文字，将其填充为红色（其 R、G、B 的值分别为 230、0、18），效果如图 10-19 所示。

（9）单击"图层"控制面板下方的"添加图层样式"按钮 fx，在弹出的菜单中选择"投影"命令，弹出对话框，将投影颜色设为深红色（其 R、G、B 的值分别为 133、59、49），其他选项的设置如图 10-20 所示，单击"确定"按钮，如图 10-21 所示。个性日历制作完成，效果如图 10-22 所示。

 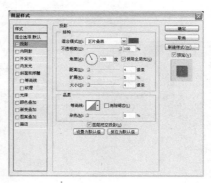

图 10-19   图 10-20

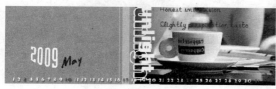

图 10-21   图 10-22

10.1.2 输入水平、垂直文字

选择"横排文字"工具 T，或按 T 键，属性栏如图 10-23 所示。

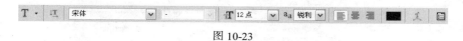

图 10-23

切换文本取向：用于选择文字输入的方向。

宋体　-　：用于设定文字的字体及属性。

T 12点：用于设定字体的大小。

aa 锐利：用于消除文字的锯齿，包括无、锐利、犀利、浑厚和平滑 5 个选项。

：用于设定文字的段落格式，分别是左对齐、居中对齐和右对齐。

：用于设置文字的颜色。

创建文字变形：用于对文字进行变形操作。

切换字符和段落面板：用于打开"段落"和"字符"控制面板。

取消所有当前编辑：用于取消对文字的操作。

提交所有当前编辑：用于确定对文字的操作。

选择"直排文字"工具 T，可以在图像中建立垂直文本，创建垂直文本工具属性栏和创建文本工具属性栏的功能基本相同。

10.1.3 输入段落文字

建立段落文字图层就是以段落文字框的方式建立文字图层。将"横排文字"工具 T 移动到图像窗口中，鼠标光标变为 图标。单击并按住鼠标左键不放，拖曳鼠标在图像窗口中创建一个段落定界框，如图 10-24 所示。插入点显示在定界框的左上角，段落定界框具有自动换行的功能，如果输入的文字较多，则当文字遇到定界框时，会自动换到下一行显示，输入文字，效果如图 10-25 所示。

如果输入的文字需要分段落，可以按 Enter 键，进行操作，还可以对定界框进行旋转、拉伸等操作。

图 10-24   图 10-25

10.1.4 栅格化文字

"图层"控制面板中文字图层的效果如图 10-26 所示，选择菜单"图层 > 栅格化 > 文字"命令，可以将文字图层转换为图像图层，如图 10-27 所示。也可用鼠标右键单击文字图层，在弹出的菜单中选择"栅格化文字"命令。

图 10-26   图 10-27

10.1.5 载入文字的选区

通过文字工具在图像窗口中输入文字后，在"图层"控制面板中会自动生成文字图层，如果需要文字的选区，可以将此文字图层载入选区。按住 Ctrl 键的同时，单击文字图层的缩览图，即可载入文字选区。

10.2 创建变形文字与路径文字

在 Photoshop 中，应用创建变形文字与路径文字命令制作出多样的文字变形。

命令介绍

创建变形文本命令：可以应用此命令对文本进行变形操作。

10.2.1 课堂案例——制作食品宣传单

【案例学习目标】学习使用创建变形文字命令制作变形文字。

【案例知识要点】使用文字工具输入文字，使用创建变形文字命令制作变形文字，如图 10-28 所示。

【效果所在位置】光盘/Ch10/效果/制作食品宣传单.psd。

（1）按 Ctrl + O 组合键，打开光盘中的"Ch10 > 素材 > 制作食品宣传单 > 01"文件，图像效果如图 10-29 所示。将前景色设为橘色（其 R、G、B 的值分别为 254、171、12）。选择"横排文字"工具 ，在属性栏中选择合适的字体，输入需要的文字，并分别设置文字大小，如图 10-30 所示，在"图层"控制面板中生成新的文字图层。

图 10-28

图 10-29

图 10-30

（2）选择"横排文字"工具 T，单击文字工具属性栏中的"创建文字变形"按钮，弹出"变形文字"对话框，进行设置，如图 10-31 所示，单击"确定"按钮，效果如图 10-32 所示。

图 10-31

图 10-32

（3）单击"图层"控制面板下方的"添加图层样式"按钮 *fx.*，在弹出的菜单中选择"描边"命令，弹出对话框，将描边颜色设为红色（其 R、G、B 的值分别为 255、0、0），其他选项的设置如图 10-33 所示，单击"确定"按钮，效果如图 10-34 所示。

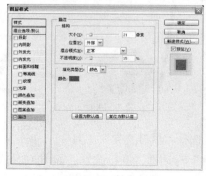

图 10-33

图 10-34

（4）将前景色设为橙色（其 R、G、B 的值分别为 254、134、14）。选择"横排文字"工具 T ，在属性栏中选择合适的字体并设置大小，输入需要的文字并选取文字，按住 Alt 键+向右方向组合键，调整文字间距到适当的位置，如图 10-35 所示，在"图层"控制面板中生成新的文字图层。

（5）选择"横排文字"工具 T ，单击文字工具属性栏中的"创建文字变形"按钮 ，弹出"变形文字"对话框，进行设置，如图 10-36 所示，单击"确定"按钮，效果如图 10-37 所示。

图 10-35　　　　　　　　　　　图 10-36　　　　　　　　　　　图 10-37

（6）选择"横排文字"工具 T ，分别在属性栏中选择合适的字体并设置大小，分别输入需要的黑色文字，用上述所讲的方法，适当的调整文字间距，如图 10-38 所示，在"图层"控制面板中分别生成新的文字图层。选中"优惠期间本店酒水…"文字图层，如图 10-39 所示。

图 10-38　　　　　　　　　　　　　　　　图 10-39

（7）选择"横排文字"工具 T ，单击文字工具属性栏中的"创建文字变形"按钮 ，弹出"变形文字"对话框，进行设置，如图 10-40 所示，单击"确定"按钮，效果如图 10-41 所示。

图 10-40　　　　　　　　　　　　　　　　图 10-41

（8）选中"08 年 6 月 6 日止"文字图层。选择"横排文字"工具 T ，单击文字工具属性栏中的"创建文字变形"按钮 ，弹出"变形文字"对话框，进行设置，如图 10-42 所示，单击"确定"按钮，文字效果如图 10-43 所示。食品宣传单效果制作完成，效果如图 10-44 所示。

图 10-42   图 10-43   图 10-44

10.2.2 变形文字

应用变形文字面板可以将文字进行多种样式的变形，如扇形、旗帜、波浪、膨胀、扭转等。

1. 制作扭曲变形文字

根据需要可以对文字进行各种变形。在图像中输入文字，如图 10-45 所示，单击文字工具属性栏中的"创建文字变形"按钮，弹出"变形文字"对话框，如图 10-46 所示，在"样式"选项的下拉列表中包含多种文字的变形效果，如图 10-47 所示。

图 10-45   图 10-46   图 10-47

文字的多种变形效果，如图 10-48 所示。

扇形   下弧   上弧   拱形

凸起   贝壳   花冠   旗帜

波浪   鱼形   增加   鱼眼

膨胀   挤压   扭转

图 10-48

2. 设置变形选项

如果要修改文字的变形效果，可以调出"变形文字"对话框，在对话框中重新设置样式或更改当前应用样式的数值。

3. 取消文字变形效果

如果要取消文字的变形效果，可以调出"变形文字"对话框，在"样式"选项的下拉列表中选择"无"。

10.2.3 路径文字

可以将文字建立在路径上，并应用路径对文字进行调整。

1. 在路径上创建文字

选择"钢笔"工具 ，在图像中绘制一条路径，如图 10-49 所示。选择"横排文字"工具 ，将鼠标光标放在路径上，鼠标光标将变为 图标，如图 10-50 所示，单击路径出现闪烁的光标，此处为输入文字的起始点。输入的文字会沿着路径的形状进行排列，效果如图 10-51 所示。

图 10-49   图 10-50   图 10-51

文字输入完成后，在"路径"控制面板中会自动生成文字路径层，如图 10-52 所示。取消"视图/显示额外内容"命令的选中状态,可以隐藏文字路径,如图 10-53 所示。

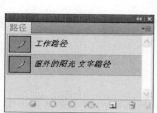

图 10-52   图 10-53

提示　　"路径"控制面板中的文字路径层与"图层"控制面板中相对的文字图层是相链接的,删除文字图层时,文字的路径层会自动被删除,删除其他工作路径不会对文字的排列有影响。如果要修改文字的排列形状,需要对文字路径进行修改。

2. 在路径上移动文字

选择"路径选择"工具 ，将光标放置在文字上,鼠标光标显示为 图标,如图 10-54 所示,单击并沿着路径拖曳鼠标,可以移动文字,效果如图 10-55 所示。

图 10-54   图 10-55

3. 在路径上翻转文字

选择"路径选择"工具 ，将鼠标光标放置在文字上,鼠标光标显示为 图标,如图 10-56 所示,将文字向路径内部拖曳,可以沿路径翻转文字,效果如图 10-57 所示。

4. 修改路径绕排文字的形态

创建了路径绕排文字后,同样可以编辑文字绕排的路径。选择"直接选择"工具 ，在路径上单击,路径上显示出控制手柄,拖曳控制手柄修改路径的形状,如图 10-58 所示,文字会按照修改后的路径进行排列,效果如图 10-59 所示。

图 10-56   图 10-57   图 10-58   图 10-59

10.3 图层蒙版

在编辑图像时可以为某一图层或多个图层添加蒙版，并对添加的蒙版进行编辑、隐藏、链接、删除等操作。

命令介绍

图层蒙版：可以使图层中图像的某些部分被处理成透明和半透明的效果，而且可以恢复已经处理过的图像，是 Photoshop 的一种独特的处理图像方式。

10.3.1 课堂案例——添加图像边框

【案例学习目标】学习使用图层蒙版制作边框。

【案例知识要点】使用添加图层蒙版命令为图层添加蒙版，使用图层的不透明度命令调整图像的显示效果，使用矩形工具绘制图形，如图 10-60 所示。

【效果所在位置】光盘/Ch10/效果/添加图像边框.psd。

图 10-60

1. 添加图层蒙版涂抹图像

（1）按 Ctrl + O 组合键，打开光盘中的"Ch10 > 素材 > 添加图像边框 > 01"文件，图像效果如图 10-61 所示。

（2）按 Ctrl + O 组合键，打开光盘中的"Ch10 > 素材 > 添加图像边框 > 02"文件，选择"移动"工具 ，将人物图片拖曳到图像窗口的左侧，效果如图 10-62 所示，在"图层"控制面板中生成新图层并将其命名为"人物"。在控制面板上方，将"人物"图层的"不透明度"选项设为20%，图像效果如图 10-63 所示。

图 10-61   图 10-62   图 10-63

（3）按 Ctrl + O 组合键，打开光盘中的"Ch10 > 素材 > 添加图像边框 > 03"文件，选择"移动"工具 ，将人物图片拖曳到图像窗口的右下方，效果如图 10-64 所示，在"图层"控制面板中生成新图层并将其命名为"人物 2"。

（4）单击"图层"控制面板下方的"添加图层蒙版"按钮 ，为"人物 2"图层添加蒙版。将前景色设为黑色。选择"画笔"工具 ，在属性栏中单击"画笔"选项右侧的按钮 ，弹出画笔选择面板，在面板中选择需要的画笔形状，将"大小"选项设为 600px，如图 10-65 所示。在图像窗口中拖曳鼠标擦除人物外部白色的多余图像，效果如图 10-66 所示。

  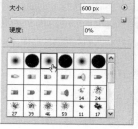 

图 10-64　　　　　　　　　　　图 10-65　　　　　　　　　　　图 10-66

2．添加装饰图形

（1）单击"图层"控制面板下方的"创建新图层"按钮 ，生成新的图层并将其命名为"透明矩形"。将前景色设为白色。选择"矩形"工具 ，选中属性栏中的"填充像素"按钮 ，在图像窗口中绘制矩形，如图 10-67 所示。在控制面板上方，将"透明矩形"图层的"填充"选项设为 20%，图像效果如图 10-68 所示。

（2）按 Ctrl + O 组合键，打开光盘中的"Ch10 > 素材 > 添加图像边框 > 04"文件，选择"移动"工具 ，将文字拖曳到图像窗口的中心位置，效果如图 10-69 所示，在"图层"控制面板中生成新图层并将其命名为"图形文字"。

图 10-67　　　　　　　　　　　图 10-68　　　　　　　　　　　图 10-69

（3）单击"图层"控制面板下方的"创建新图层"按钮 ，生成新的图层并将其命名为"矩形"。选择"矩形"工具 ，在图像窗口中绘制矩形，效果如图 10-70 所示。

（4）将"矩形"图层拖曳到控制面板下方的"创建新图层"按钮 上进行复制，生成新图层"矩形副本"。选择"移动"工具 ，将复制出的副本图形向下拖曳，效果如图 10-71 所示。

（5）按 Ctrl + O 组合键，打开光盘中的"Ch10 > 素材 > 添加图像边框 > 05"文件，选择"移动"工具 ，将人物图片拖曳到和上方的白色矩形重合的位置，效果如图 10-72 所示，在"图层"控制面板中生成新图层并将其命名为"人物 3"，将其拖曳到"矩形副本"图层的下方。

（6）单击"图层"控制面板下方的"添加图层蒙版"按钮 ，为"人物 3"图层添加蒙版。将前景色设为黑色。选择"画笔"工具 ，选项的设置同上，在图像窗口中适当调整画笔笔触的大小，拖曳鼠标在人物图像的四周涂抹，效果如图 10-73 所示。

图 10-70

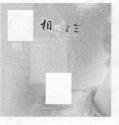
图 10-71

图 10-72

图 10-73

（7）按 Ctrl + O 组合键，打开光盘中的"Ch10 > 素材 > 添加图像边框 > 06"文件，选择"移动"工具 ，将人物图片拖曳到和下方的白色矩形重合的位置，效果如图 10-74 所示，在"图层"控制面板中生成新图层并将其命名为"人物 4"，将其拖曳到控制面板的最上方，如图 10-75 所示。

图 12-74

图 12-75

（8）单击"图层"控制面板下方的"创建新图层"按钮 ，生成新的图层并将其命名为"矩形描边"。选择"矩形选框"工具 ，在图像窗口中绘制矩形选区，如图 10-76 所示。

（9）在选区内单击鼠标右键，在弹出的菜单中选择"描边"命令，在弹出的对话框中进行设置，如图 10-77 所示，单击"确定"按钮，取消选区，效果如图 10-78 所示。图像边框效果添加完成。

图 10-76

图 10-77

图 10-78

10.3.2　添加图层蒙版

使用控制面板按钮或快捷键：单击"图层"控制面板下方的"添加图层蒙版"按钮 ，可以创建一个图层的蒙版，如图 10-79 所示。按住 Alt 键，单击"图层"控制面板下方的"添加图层蒙版"按钮 ，可以创建一个遮盖图层全部的蒙版，如图 10-80 所示。

使用菜单命令：选择菜单"图层 > 图层蒙版 > 显示全部"命令，效果如图 10-79 所示。选择菜单"图层 > 图层蒙版 > 隐藏全部"命令，效果如图 10-80 所示。

图 10-79

图 10-80

10.3.3 隐藏图层蒙版

按住 Alt 键的同时，单击图层蒙版缩览图，图像窗口中的图像将被隐藏，只显示蒙版缩览图中的效果，如图 10-81 所示，"图层"控制面板中的效果如图 10-82 所示。按住 Alt 键，再次单击图层蒙版缩览图，将恢复图像窗口中的图像效果。按住 Alt+Shift 组合键的同时，单击图层蒙版缩览图，将同时显示图像和图层蒙版的内容。

图 10-81

图 10-82

10.3.4 图层蒙版的链接

在"图层"控制面板中图层缩览图与图层蒙版缩览之间存在链接图标，当图层图像与蒙版关联时，移动图像时蒙版会同步移动，单击链接图标，将不显示此图标，可以分别对图像与蒙版进行操作。

10.3.5 应用及删除图层蒙版

在"通道"控制面板中，双击"人物蒙版"通道，弹出"图层蒙版显示选项"对话框，如图 10-83 所示，可以对蒙版的颜色和不透明度进行设置。

选择菜单"图层 > 图层蒙版 > 停用"命令，或按 Shift 键的同时单击"图层"控制面板中的图层蒙版缩览图，图层蒙版被停用，如图 10-84 所示，图像将全部显示，效果如图 10-85 所示。按住 Shift 键，再次单击图层蒙版缩览图，将恢复图层蒙版效果，效果如图 10-86 所示。

图 10-83

图 10-84

图 10-85

图 10-86

选择菜单"图层 > 图层蒙版 > 删除"命令，或在图层蒙版缩览图上单击鼠标右键，在弹出的下拉菜单中选择"删除图层蒙版"命令，可以将图层蒙版删除。

10.4　剪贴蒙版与矢量蒙版

剪贴蒙版和矢量蒙版可以用遮盖的方式使图像产生特殊的效果。

命令介绍

剪贴蒙版：是使用某个图层的内容来遮盖其上方的图层，遮盖效果由基底图层决定。

10.4.1　课堂案例——制作打散飞溅效果

【案例学习目标】学习使用剪贴蒙版命令制作图像效果。

【案例知识要点】使用画笔工具绘制图形，使用创建剪贴蒙版命令制作图像效果，使用添加图层样式命令为文字添加特殊效果，如图 10-87 所示。

【效果所在位置】光盘/Ch10/效果/制作打散飞溅效果.psd。

1．制作背景图形

（1）按 Ctrl + N 组合键，新建一个文件：宽度为 15cm，高度为 15cm，分辨率为 300 像素/英寸，颜色模式为 RGB，背景内容为白色，单击"确定"按钮。

图 10-87

（2）单击"图层"控制面板下方的"创建新图层"按钮 ，生成新的图层并将其命名为"画笔绘制"。将前景色设为黑色。

（3）选择"画笔"工具 ，单击属性栏中"画笔"选项右侧的按钮 ，弹出画笔选择面板，单击面板右上方的按钮 ，在弹出的菜单中选择"方头画笔"选项，弹出提示对话框，单击"追加"按钮。单击属性栏中的"切换画笔面板"按钮 ，弹出"画笔"控制面板，在面板中进行设置，如图 10-88 所示。

（4）选择"散布"选项，切换到相应的面板，进行设置，如图 10-89 所示。在图像窗口中拖曳鼠标绘制图形，效果如图 10-90 所示。

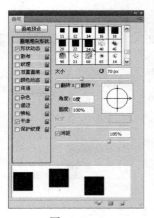

图 10-88　　　　　　　　　　图 10-89　　　　　　　　　　图 10-90

（5）单击"图层"控制面板下方的"添加图层样式"按钮 _fx_，在弹出的菜单中选择"投影"命令，弹出对话框，将阴影颜色设为黑色，其他选项的设置如图 10-91 所示，单击"确定"按钮，效果如图 10-92 所示。

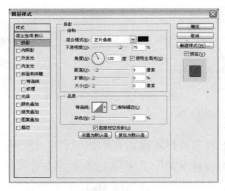

图 10-91　　　　　　　　　　　　　　　图 10-92

（6）按 Ctrl + O 组合键，打开光盘中的"Ch10 > 素材 > 制作打散飞溅效果 > 01"文件，选择"移动"工具 ，将图片拖曳到图像窗口的中心位置，效果如图 10-93 所示，在"图层"控制面板中生成新图层并将其命名为"图片"。

（7）按住 Alt 键的同时，将鼠标光标放在"画笔绘制"图层和"图片"图层的中间，鼠标光标变为 ，如图 10-94 所示，单击鼠标，创建剪贴蒙版，图像效果如图 10-95 所示。

图 10-93　　　　　　　　　　图 10-94　　　　　　　　　　图 10-95

2．编辑文字

（1）选择"横排文字"工具 **T**，在属性栏中分别选择合适的字体并设置文字大小，输入需要的白色文字，如图 10-96 所示，在"图层"控制面板中分别生成新的文字图层。

（2）选中"A warm…"文字图层。单击"图层"控制面板下方的"添加图层样式"按钮 *fx.*，在弹出的菜单中选择"外发光"命令，弹出对话框，将发光颜色设为白色，单击"等高线"选项右侧的按钮 ·，在弹出的面板中选择"滚动斜坡-递减"选项，如图 10-97 所示，其他选项的设置如图 10-98 所示，单击"确定"按钮，效果如图 10-99 所示。

图 10-96

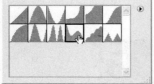

图 10-97

图 10-98

图 10-99

（3）在"图层"控制面板中的文字层上单击鼠标右键，在弹出的菜单中选择"拷贝图层样式"命令，在"SELFHOOD"文字层上单击鼠标右键，在弹出的菜单中选择"粘贴图层样式"命令，如图 10-100 所示。

（4）单击"图层"控制面板下方的"添加图层样式"按钮 *fx.*，在弹出的菜单中选择"投影"命令，弹出对话框，将阴影颜色设为黑色，其他选项的设置如图 10-101 所示，单击"确定"按钮，效果如图 10-102 所示。打散飞溅效果制作完成，如图 10-103 所示。

图 10-100

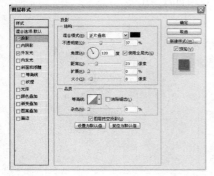

图 10-101

图 10-102

图 10-103

10.4.2 剪贴蒙版

创建剪贴蒙版：设计好的图像效果如图 10-104 所示，"图层"控制面板中的效果如图 10-105 所示，按住 Alt 键的同时，将鼠标放置到"心形"和"人物"的中间位置，鼠标光标变为，如图 10-106 所示。

图 10-104   图 10-105   图 10-106

单击鼠标，制作图层的剪贴蒙版，如图 10-107 所示，图像窗口中的效果如图 10-108 所示。用"移动"工具可以随时移动"人物"图像，效果如图 10-109 所示。

图 10-107   图 10-108   图 10-109

取消剪贴蒙版：如果要取消剪贴蒙版，可以选中剪贴蒙版组中上方的图层，选择菜单"图层 > 释放剪贴蒙版"命令，或按 Alt+Ctrl+G 组合键即可删除。

命令介绍

矢量蒙版：应用矢量的图形或路径可以制作图像的遮罩效果。

10.4.3 课堂案例——制作可爱狗狗相册

【案例学习目标】学习使用绘制图形工具绘制矢量图形，应用创建剪贴蒙版命令制作遮照效果。

【案例知识要点】使用图层的混合模式和不透明度命令更改图像的显示效果，使用创建剪贴蒙版命令制作图像效果，使用矩形工具绘制图形，如图 10-110 所示。

【效果所在位置】光盘/Ch10/效果/制作可爱狗狗相册.psd。

图 10-110

1．制作背景图像

（1）按 Ctrl + N 组合键，新建一个文件：宽度为 29.7cm，高度为 21cm，分辨率为 300 像素/英寸，颜色模式为 RGB，背景内容为白色，单击"确定"按钮。新建图层并将其命名为"图案"。将前景色设为黑色。按 Alt+Delete 组合键，用前景色填充图层。

（2）单击"图层"控制面板下方的"添加图层样式"按钮 _fx_，在弹出的菜单中选择"图案叠加"命令，弹出对话框，单击"图案"选项右侧的按钮·，弹出"图案"面板，单击面板右上方的按钮▶，在弹出的菜单中选择"图案"选项，弹出提示对话框，单击"追加"按钮。在面板中选中"木质"图形，如图 10-111 所示，其他选项的设置如图 10-112 所示，单击"确定"按钮，效果如图 10-113 所示。

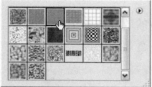
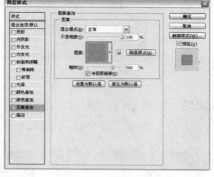

图 10-111　　　　　　　　　　　图 10-112　　　　　　　　　　　图 10-113

（3）按 Ctrl + O 组合键，打开光盘中的"Ch10 > 素材 > 制作可爱狗狗相册 > 01"文件，选择"移动"工具 ▶+，将动物图片拖曳到图像窗口中，效果如图 10-114 所示，在"图层"控制面板中生成新的图层并将其命名为"动物图片"。将"动物图片"图层的混合模式选项设为"明度"，"不透明度"选项设为 44%，效果如图 10-115 所示。

（4）单击"图层"控制面板下方的"创建新图层"按钮 ，生成新的图层并将其命名为"边框"。将前景色设为白色。选择"直线"工具 ，选中属性栏中的"填充像素"按钮 ，并将"粗细"选项设为 6px，按住 Shift 键的同时，在图像窗口中绘制直线，效果如图 10-116 所示。

图 10-114　　　　　　　　　　　图 10-115　　　　　　　　　　　图 10-116

2．添加蒙版

（1）选择"矩形"工具 ，选中属性栏中的"形状图层"按钮 ，在图像窗口中绘制图形。按 Ctrl+T 组合键，图形周围出现变换框，将鼠标光标放在变换框的控制手柄外边，光标变为旋转图标↰，拖曳鼠标将图像旋转至适当的位置，如图 10-117 所示，按 Enter 键确定操作，"图层"控制面板中生成"形状 1"图层，如图 10-118 所示。

图 10-117　　　　　　　　　　　　　　图 10-118

（2）单击"图层"控制面板下方的"添加图层样式"按钮 _fx_，在弹出的菜单中选择"投影"命令，弹出对话框，进行设置，如图 10-119 所示。选择"描边"选项，切换到相应的面板，将描边颜色设为白色，其他选项的设置如图 10-120 所示，单击"确定"按钮，效果如图 10-121 所示。

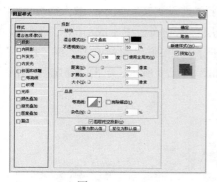

图 10-119　　　　　　　　　　　　图 10-120　　　　　　　　　　　　　图 10-121

（3）将"形状 1"图层拖曳到控制面板下方的"创建新图层"按钮 ◻ 上进行复制，生成新图层"形状 1 副本"。选择"移动"工具 ▸+，将复制出的副本图形旋转到适当的位置，按 Ctrl+T 键，图形周围出现变换框，将鼠标光标放在变换框的控制手柄外边，光标变为旋转图标 ↻，拖曳鼠标将图像旋转至适当的位置，如图 10-122 所示，按 Enter 键确定操作。单击"形状 1 副本"图层左侧的眼睛图标 ◉，隐藏图层。

（4）选中"形状 1"图层。按 Ctrl + O 组合键，打开光盘中的"Ch10 > 素材 > 制作可爱狗狗相册 > 02"文件，选择"移动"工具 ▸+，将动物图片拖曳到图像窗口的右下方，效果如图 10-123 所示，在"图层"控制面板中生成新的图层并将其命名为"图片 1"。

（5）按住 Alt 键的同时，将鼠标放在"形状 1"图层和"图片 1"图层的中间，鼠标光标变为 ◖，单击鼠标，创建剪贴蒙版，效果如图 10-124 所示。

图 10-122　　　　　　　　　　图 10-123　　　　　　　　　　图 10-124

（6）显示并选择"形状 1 副本"图层，如图 10-125 所示。按 Ctrl + O 组合键，打开光盘中的"Ch10 > 素材 > 制作可爱狗狗相册 > 03"文件，选择"移动"工具▶+，将动物图片拖曳到图像窗口的右下方，效果如图 10-126 所示，在"图层"控制面板中生成新图层并将其命名为"图片 2"。在"图片 2"图层上单击鼠标右键，在弹出的菜单中选择"创建剪贴蒙版"命令，效果如图 10-127 所示。

图 10-125

图 10-126

图 10-127

（7）选择"横排文字"工具 T，在属性栏中选择合适的字体并设置文字大小，输入需要的白色文字，并适当的调整文字间距，如图 10-128 所示，在"图层"控制面板中生成新的文字图层。

（8）单击"图层"控制面板下方的"添加图层样式"按钮 fx，在弹出的菜单中选择"投影"命令，弹出对话框，将阴影颜色设为黑色，其他选项的设置如图 10-129 所示，单击"确定"按钮，效果如图 10-130 所示。可爱狗狗相册制作完成。

图 10-128

图 10-129

图 10-130

10.4.4 矢量蒙版

原始图像效果如图 10-131 所示。选择"自定形状"工具 ，在属性栏中选中"路径"按钮 ，在形状选择面板中选中"红桃"图形，如图 10-132 所示。

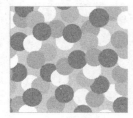

图 10-131

图 10-132

在图像窗口中绘制路径，如图 10-133 所示，选中"图层 1"，选择菜单"图层 > 矢量蒙版 > 当前路径"命令，为"图层 1"添加矢量蒙版，如图 10-134 所示，图像窗口中的效果如图 10-135 所示。选择"直接选择"工具 ，可以修改路径的形状，从而修改蒙版的遮罩区域，如图 10-136 所示。

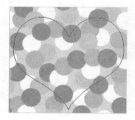

图 10-133

图 10-134

图 10-135

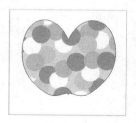

图 10-136

课堂练习——制作首饰广告

【练习知识要点】使用图层样式命令为图像添加投影效果。使用羽化命令制作图形的模糊效果。使用图层混合模式命令制作图像的叠加效果。使用圆角矩形工具和高斯模糊命令制作戒指投影效果。使用自定形状工具绘制装饰花形。使用钢笔工具制作叶子效果。使用旋转扭曲命令为文字笔画制作扭曲效果。首饰广告效果如图 10-137 所示。

【效果所在位置】光盘/Ch10/效果/制作首饰广告.psd。

图 10-137

课后习题——制作儿童食品宣传单

【习题知识要点】使用画笔工具绘制背景圆形。使用圆角矩形工具、描边命令和投影命令制作产品底图。使用创建变形文字命令制作广告语的扭曲变形效果。使用添加图层样式命令制作特殊文字效果。使用创建剪贴蒙版命令制作旗帜图形。使用自定形状工具添加注册标志。儿童食品宣传单效果如图 10-138 所示。

【效果所在位置】光盘/Ch10/效果/制作儿童食品宣传单.psd。

图 10-138

第11章
使用通道与滤镜

本章主要介绍通道与滤镜的使用方法。通过对本章的学习，掌握通道的基本操作、通道蒙版的创建和使用方法，并掌握滤镜功能的使用技巧，以便能快速、准确地创作出生动精彩的图像。

课堂学习目标

- 通道的操作
- 通道蒙版
- 滤镜库的功能
- 滤镜的应用
- 滤镜使用技巧

11.1　通道的操作

应用通道控制面板可以对通道进行创建、复制、删除、分离、合并等操作。

11.1.1　课堂案例——使用通道更换照片背景

【案例学习目标】学习使用通道面板抠出人物。

【案例知识要点】使用通道控制面板、反相命令和画笔工具抠出人物。使用颗粒滤镜命令添加图片的颗粒效果。使用渐变映射命令调整图片的颜色，如图 11-1 所示。

【效果所在位置】光盘/Ch11/效果/使用通道更换照片背景.psd。

1．抠出人物头发

（1）按 Ctrl+O 组合键，打开光盘中的"Ch11 > 素材 > 使用通道更换照片背景 > 01、02"文件，效果如图 11-2、图 11-3 所示。

图 11-1

图 11-2　　　　　　　　图 11-3

（2）选中 02 素材文件。选择"通道"控制面板，选中"绿"通道，将其拖曳到"通道"控制面板下方的"创建新通道"按钮　上进行复制，生成新的通道"绿 副本"，如图 11-4 所示。按 Ctrl+I 组合键，将图像反相，图像效果如图 11-5 所示。

（3）将前景色设置为白色。选择"画笔"工具　，在属性栏中单击"画笔"选项右侧的按钮，弹出画笔选择面板，在面板中选择需要的画笔形状，将"大小"选项设为 150，将"硬度"选项设为 0%，在图像窗口中将人物部分涂抹为白色，效果如图 11-6 所示。将前景色设为黑色。在图像窗口的灰色背景上涂抹，效果如图 11-7 所示。

图 11-4　　　　　　图 11-5　　　　　　图 11-6　　　　　　图 11-7

（4）在"图层"控制面板中，按住 Ctrl 键的同时，单击"绿 副本"通道，白色图像周围生成选区。选中"RGB"通道，按 Ctrl+C 组合键，将选区中的内容复制，选择"图层"控制面板，按 Ctrl+V 组合键，将复制的内容粘贴，在"图层"控制面板中生成新的图层并将其命名为"人物图片"，如图 11-8 所示。

图 11-8

2. 添加并调整图片颜色

（1）选中 01 图片，按 Ctrl+A 组合键，图像窗口中生成选区，按 Ctrl+C 组合键，复制选区中的内容。在 02 图像窗口中，按 Ctrl+V 组合键，将选区中的内容粘贴到图像窗口中，在"图层"控制面中生成新的图层并将其命名为"风景图片"，拖曳到"人物图片"图层的下方，图像效果如图 11-9 所示。

（2）将"人物图片"图层拖曳到"图层"控制面板下方的"创建新图层"按钮 ⬜ 上进行复制，生成新的图层"人物图片 副本"。选择"滤镜 > 纹理 > 颗粒"命令，在弹出的对话框中进行设置，如图 11-10 所示，单击"确定"按钮，效果如图 11-11 所示。

图 11-9　　　　　　　　　　图 11-10　　　　　　　　　　图 11-11

（3）单击"图层"控制面板下方的"创建新的填充或调整图层"按钮 ⬤，在弹出的菜单中选择"渐变映射"命令，在"图层"控制面板中生成"渐变映射 1"图层，同时弹出"渐变映射"面板。单击"点按可编辑渐变"按钮 ▭，弹出"渐变编辑器"对话框，在"位置"选项中分别输入 0、41、100 几个位置点，分别设置几个位置点颜色的 RGB 值为：0（12、6、102），41（233、150、5），100（248、234、195），如图 11-12 所示，单击"确定"按钮，效果如图 11-13 所示。

（4）按 Ctrl+O 组合键，打开光盘中的"Ch11 > 素材 > 使用通道更换照片背景 > 03"文件，选择"移动"工具 ⬌，将文字图形拖曳到图像窗口的适当位置，效果如图 11-14 所示，在"图层"控制面板中生成新的图层并将其命名为"文字"。使用通道更换照片背景效果制作完成。

图 11-12　　　　　　　　　图 11-13　　　　　　　　图 11-14

11.1.2 通道控制面板

通道控制面板可以管理所有的通道并对通道进行编辑。选择"窗口 > 通道"命令，弹出"通道"控制面板，如图 11-15 所示。

在"通道"控制面板的右上方有 2 个系统按钮，分别是"折叠为图标"按钮和"关闭"按钮。单击"折叠为图标"按钮可以将控制面板折叠，只显示图标。单击"关闭"按钮可以将控制面板关闭。

在"通道"控制面板中，放置区用于存放当前图像中存在的所有通道。在通道放置区中，如果选中的只是其中的一个通道，则只有这个通道处于选中状态，通道上将出现一个深色条。如果想选中多个通道，可以按住 Shift 键，再单击其他通道。通道左侧的眼睛图标用于显示或隐藏颜色通道。

图 11-15

图 11-16

在"通道"控制面板的底部有 4 个工具按钮，如图 11-16 所示。

将通道作为选区载入：用于将通道作为选择区域调出。

将选区存储为通道：用于将选择区域存入通道中。

创建新通道：用于创建或复制新的通道。

删除当前通道：用于删除图像中的通道。

11.1.3 创建新通道

在编辑图像的过程中，可以建立新的通道。

单击"通道"控制面板右上方的图标，弹出其命令菜单，选择"新建通道"命令，弹出"新建通道"对话框，如图 11-17 所示。

名称：用于设置当前通道的名称。

色彩指示：用于选择两种区域方式。

颜色：用于设置新通道的颜色。

不透明度：用于设置当前通道的不透明度。

单击"确定"按钮，"通道"控制面板中将创建一个新通道，即 Alpha 1，面板如图 11-18 所示。

图 11-17

图 11-18

单击"通道"控制面板下方的"创建新通道"按钮，也可以创建一个新通道。

11.1.4　复制通道

复制通道命令用于将现有的通道进行复制，产生相同属性的多个通道。

单击"通道"控制面板右上方的图标 ，弹出其命令菜单，选择"复制通道"命令，弹出"复制通道"对话框，如图 11-19 所示。

图 11-19

为：用于设置复制出的新通道的名称。

文档：用于设置复制通道的文件来源。

将"通道"控制面板中需要复制的通道拖曳到下方的"创建新通道"按钮 上，即可将所选的通道复制为一个新的通道。

11.1.5　删除通道

不用的或废弃的通道可以将其删除，以免影响操作。

单击"通道"控制面板右上方的图标 ，弹出其命令菜单，选择"删除通道"命令，即可将通道删除。

图 11-20

单击"通道"控制面板下方的"删除当前通道"按钮 ，弹出提示对话框，如图 11-20 所示，单击"是"按钮，将通道删除。也可将需要删除的通道直接拖曳到"删除当前通道"按钮 上进行删除。

11.2　通道蒙版

在通道中可以快速地创建蒙版，还可以存储蒙版。

11.2.1　课堂案例——使用快速蒙版更换背景

【案例学习目标】学习使用快速蒙版按钮和画笔工具抠出人物图片并更换背景。

【案例知识要点】使用添加图层蒙版按钮、以快速蒙版模式编辑按钮、画笔工具和以标准模式编辑按钮更改图片的背景，如图 11-21 所示。

【效果所在位置】光盘/Ch11/效果/使用快速蒙版更换背景.psd。

（1）按 Ctrl+O 组合键，打开光盘中的"Ch11 > 素材 > 使用快速蒙版更换背景 > 01、02"文件，效果如图 11-22、图 11-23 所示。

图 11-21

（2）选择"移动"工具 ，将 02 图片拖曳到 01 图像窗口中，效果如图 11-24 所示，在"图层"控制面板中生成新的图层并将其命名为"人物图片"。

图 11-22　　　　　　　　　　图 11-23　　　　　　　　　　图 11-24

（3）单击"图层"控制面板下方的"添加图层蒙版"按钮 ，为"人物图片"图层添加蒙版，如图 11-25 所示。单击工具箱下方的"以快速蒙版模式编辑"按钮，进入快速蒙版编辑模式。将前景色设置为黑色。选择"画笔"工具，在属性栏中单击"画笔"选项右侧的按钮·，弹出画笔选择面板，在面板中选择需要的画笔形状，将"大小"选项设为 150，"硬度"选项设为100%，在人物图像上拖曳鼠标进行涂抹，涂抹后的区域变为红色，如图 11-26 所示。

图 11-25　　　　　　　　　　　　　　図 11-26

（4）单击工具箱下方的"以标准模式编辑"按钮，返回标准编辑模式，红色区域以外的部分生成选区。单击选中"人物图片"图层的蒙版缩览图，按 Alt+Delete 键，用黑色填充选区，效果如图 11-27 所示。按 Ctrl+D 组合键，取消选区。

（5）按 Ctrl+O 组合键，打开光盘中的"Ch11 > 素材 > 使用快速蒙版更换背景 > 03"文件，选择"移动"工具，将文字图形拖曳到图像窗口的左上方，效果如图 11-28 所示，在"图层"控制面板中生成新的图层。使用快速蒙版更换背景制作完成。

图 11-27　　　　　　　　　　　　図 11-28

11.2.2　快速蒙版的制作

选择快速蒙版命令，可以使图像快速的进入蒙版编辑状态。打开一幅图像，效果如图 11-29 所示。选择"魔棒"工具 ，在魔棒工具属性栏中进行设定，如图 11-30 所示。按住 Shift 键，魔棒工具光标旁出现"+"号，连续单击选择红色棋子图形，如图 11-31 所示。

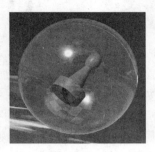

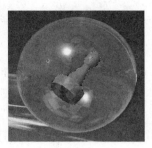

图 11-29　　　　　　　　　　　图 11-30　　　　　　　　　　　图 11-31

单击工具箱下方的"以快速蒙版模式编辑"按钮 ，进入蒙版状态，选区暂时消失，图像的未选择区域变为红色，如图 11-32 所示。"通道"控制面板中将自动生成快速蒙版，如图 11-33 所示。快速蒙版图像如图 11-34 所示。

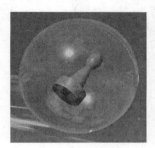

图 11-32　　　　　　　　　　　图 11-33　　　　　　　　　　　图 11-34

提示　　系统预设蒙版颜色为半透明的红色。

选择"画笔"工具 ，在画笔工具属性栏中进行设定，如图 11-35 所示。将前景色设为白色，将快速蒙版中的棋子图形涂抹成白色，图像效果和快速蒙版如图 11-36、图 11-37 所示。

图 11-35　　　　　　　　　　　图 11-36　　　　　　　　　　　图 11-37

11.2.3　在 Alpha 通道中存储蒙版

可以将编辑好的蒙版存储到 Alpha 通道中。

用选取工具选中主体人物，生成选区，效果如图 11-38 所示。选择"选择 > 存储选区"命令，弹出"存储选区"对话框，如图 11-39 所示进行设定，单击"确定"按钮，建立通道蒙版"人物"。或单击"通道"控制面板中的"将选区存储为通道"按钮 ，建立通道蒙版"人物"，效果如图 11-40、图 11-41 所示。

图 11-38

图 11-39

图 11-40

图 11-41

将图像保存，再次打开图像时，选择"选择 > 载入选区"命令，弹出"载入选区"对话框，如图 11-42 所示进行设定，单击"确定"按钮，将"人物"通道的选区载入。或单击"通道"控制面板中的"将通道作为选区载入"按钮 ，将"人物"通道作为选区载入，效果如图 11-43 所示。

图 11-42

图 11-43

11.3 滤镜库的功能

Photoshop CS5 的滤镜库将常用滤镜组组合在一个面板中，以折叠菜单的方式显示，并为每一个滤镜提供了直观的效果预览，使用十分方便。

选择"滤镜 > 滤镜库"命令，弹出"滤镜库"对话框，在对话框中部为滤镜列表，每个滤镜组下面包含了多个特色滤镜，单击需要的滤镜组，可以浏览到滤镜组中的各个滤镜和其相应的滤镜效果。

在"滤镜库"对话框中可以创建多个效果图层，每个图层可以应用不同的滤镜，从而使图像产生多个滤镜叠加后的效果。

为图像添加"喷溅"滤镜，如图 11-44 所示，单击"新建效果图层"按钮 ，生成新的效果图层，如图 11-45 所示。为图像添加"强化的边缘"滤镜，2 个滤镜叠加后的效果如图 11-46 所示。

图 11-44

图 11-45   图 11-46

11.4 滤镜的应用

Photoshop CS5 的滤镜菜单下提供了多种滤镜，选择这些滤镜命令，可以制作出奇妙的图像效果。

单击"滤镜"菜单，弹出如图 11-47 所示的下拉菜单。Photoshop CS5 滤镜菜单被分为 6 部分，并用横线划分开。

第 1 部分为最近一次使用的滤镜，没有使用滤镜时，此命令为灰色，不可选择。使用任意一种滤镜后，当需要重复使用这种滤镜时，只要直接选择这种滤镜或按 Ctrl+F 组合键，即可重复使用。

第 2 部分为转换为智能滤镜，智能滤镜可随时进行修改操作。

第 3 部分为 4 种 Photoshop CS5 滤镜，每个滤镜的功能都十分强大。

第 4 部分为 13 种 Photoshop CS5 滤镜组，每个滤镜组中都包含多个子滤镜。

第 5 部分为 Digimarc 滤镜。

第 6 部分为浏览联机滤镜。

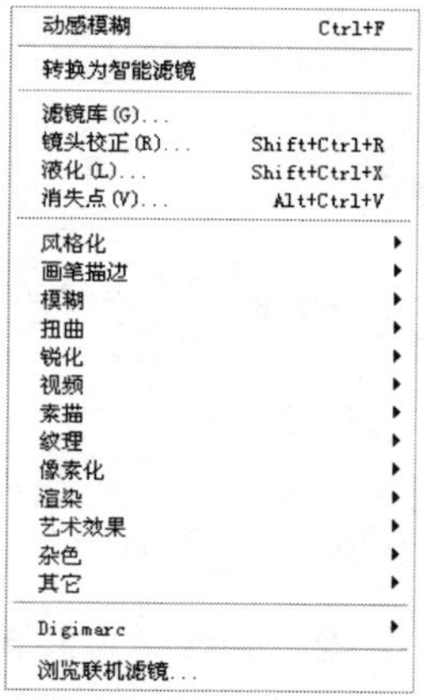

图 11-47

11.4.1　课堂案例——制作怀旧照片

【案例学习目标】学习使用添加杂色滤镜命令为图片添加杂色。

【案例知识要点】使用去色命令将图片变为黑白效果，使用亮度/对比度命令调整图片的亮度，使用添加杂色滤镜命令为图片添加杂色，使用变化命令、云彩滤镜命令和纤维滤镜命令制作怀旧色调，如图 11-48 所示。

【效果所在位置】光盘/Ch11/效果/制作怀旧照片.psd。

图 11-48

1. 调整图片颜色

（1）按 Ctrl+O 组合键，打开光盘中的"Ch11 > 素材 > 制作怀旧照片 > 01"文件，效果如图 11-49 所示。选择"图像 > 调整 > 去色"命令，去除图像颜色，效果如图 11-50 所示。

图 11-49　　　　　图 11-50

（2）选择"图像 > 调整 > 亮度/对比度"命令，在弹出的对话框中进行设置，如图 11-51 所示，单击"确定"按钮，效果如图 11-52 所示。

（3）选择"滤镜 > 杂色 > 添加杂色"命令，在弹出的对话框中进行设置，如图 11-53 所示，单击"确定"按钮，效果如图 11-54 所示。

图 11-51　　　　　　　图 11-52　　　　　　　图 11-53　　　　　　　图 11-54

2．制作怀旧颜色

（1）选择"图像 > 调整 > 变化"命令，弹出"变化"对话框，单击 2 次"加深黄色"缩略图，如图 11-55 所示，单击"确定"按钮，图像效果如图 11-56 所示。

（2）新建图层并将其命名为"滤镜效果"，如图 11-57 所示。按 D 键，在工具箱中将前景色和背景色恢复成默认的黑白两色。选择"滤镜 > 渲染 > 云彩"命令，制作云彩效果，按多次 Ctrl+F 键，重复使用"云彩"滤镜，图像效果如图 11-58 所示。

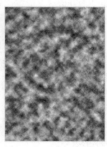

图 11-55　　　　　　　图 11-56　　　　　　　图 11-57　　　　　　　图 11-58

（3）选择"滤镜 > 渲染 > 纤维"命令，在弹出的"纤维"对话框中进行设置，如图 11-59 所示，多次单击"随机化"按钮，可随机化选择纤维效果，单击"确定"按钮，图像效果如图 11-60 所示。

图 11-59　　　　　　　　　　　图 11-60

（4）在"图层"控制面板上方，将"滤镜效果"图层的混合模式设为"颜色加深"，效果如图 11-61 所示。按 Ctrl+O 组合键，打开光盘中的"Ch11 > 素材 > 制作怀旧照片 > 02"文件。选择"移动"工具，将文字拖曳到图像窗口中，效果如图 11-62 所示，在"图层"控制面板中生成新的图层。怀旧照片制作完成。

图 11-61　　　　　　　　图 11-62

11.4.2　杂色滤镜

杂色滤镜可以混合干扰，制作出着色像素图案的纹理。杂色滤镜的子菜单项如图 11-63 所示。应用不同的滤镜制作出的效果如图 11-64 所示。

原图　　　　　　　　减少杂色　　　　　　　　蒙尘与划痕

去斑　　　　　　　　添加杂色　　　　　　　　中间值

图 11-63　　　　　　　　　　　　图 11-64

11.4.3　渲染滤镜

渲染滤镜可以在图片中产生照明的效果，它可以产生不同的光源效果和夜景效果。渲染滤镜菜单如图 11-65 所示。应用不同的滤镜制作出的效果如图 11-66 所示。

原图

分层云彩

光照效果

镜头光晕

纤维

云彩

图 11-65　　　　　　　　　　　　　　　　　　图 11-66

11.4.4　课堂案例——像素化效果

【案例学习目标】学习使用纹理滤镜、像素化滤镜和艺术效果滤镜制作像素化效果。

【案例知识要点】使用磁性套索工具勾出瓢虫图像，使用马赛克拼贴滤镜命令制作马赛克底图效果，使用马赛克滤镜命令、绘画涂抹滤镜命令和粗糙蜡笔滤镜命令制作瓢虫的像素化效果，如图 11-67 所示。

【效果所在位置】光盘/Ch11/效果/像素化效果.psd。

图 11-67

1. 勾出图像并制作马赛克底图

（1）按 Ctrl+O 组合键，打开光盘中的"Ch11 > 素材 > 像素化效果 > 01"文件，效果如图 11-68 所示。选择"磁性套索"工具 ，沿着瓢虫边缘绘制瓢虫的轮廓，瓢虫边缘生成选区，效果如图 11-69 所示。按 Shift+Ctrl+I 组合键，将选区反选，如图 11-70 所示。

图 11-68 　　　　　　　　　　图 11-69 　　　　　　　　　　图 11-70

（2）选择"滤镜 > 纹理 > 马赛克拼贴"命令，在弹出的对话框中进行设置，如图 11-71 所示，单击"确定"按钮，效果如图 11-72 所示。

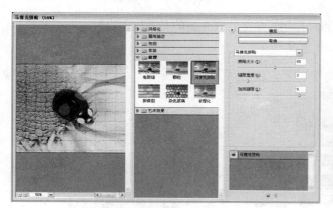

图 11-71 　　　　　　　　　　　　　　　图 11-72

2. 制作瓢虫像素化效果

（1）按 Shift+Ctrl+I 组合键，将选区反选。按 Ctrl+J 组合键，将选区中的图像复制，在"图层"控制面板中生成新的图层并将其命名为"瓢虫"，如图 11-73 所示。选择"滤镜 > 像素化 > 马赛克"命令，在弹出的"马赛克"对话框中进行设置，如图 11-74 所示，单击"确定"按钮，效果如图 11-75 所示。

图 11-73 　　　　　　　　　　图 11-74 　　　　　　　　　　图 11-75

（2）选择"滤镜 > 艺术效果 > 绘画涂抹"命令，在弹出的对话框中进行设置，如图 11-76 所示，单击"确定"按钮，效果如图 11-77 所示。

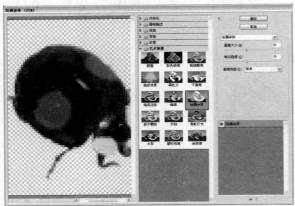

图 11-76　　　　　　　　　　　　　　　　　图 11-77

（3）选择"滤镜 > 艺术效果 > 粗糙蜡笔"命令，在弹出的对话框中进行设置，如图 11-78 所示，单击"确定"按钮，效果如图 11-79 所示。

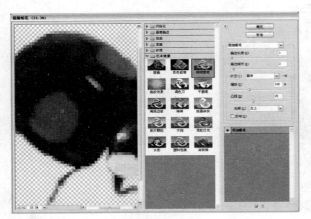

图 11-78　　　　　　　　　　　　　　　　　图 11-79

（4）按 Ctrl+O 组合键，打开光盘中的"Ch11 > 素材 > 像素化效果 > 02"文件，选择"移动"工具，将文字拖曳到图像窗口的右下方，效果如图 11-80 所示，在"图层"控制面板中生成新的图层并将其命名为"文字"。像素化效果制作完成。

图 11-80

11.4.5　纹理滤镜

纹理滤镜可以使图像中各颜色之间产生过渡变形的效果。纹理滤镜菜单如图 11-81 所示。应用不同的滤镜制作出的效果如图 11-82 所示。

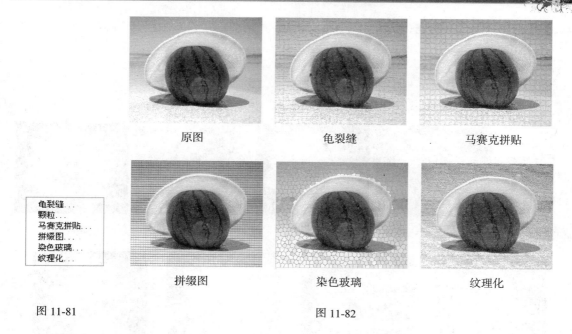

图 11-81   图 11-82

11.4.6   像素化滤镜

像素化滤镜可以用于将图像分块或将图像平面化。像素化滤镜的菜单如图 11-83 所示。应用不同的滤镜制作出的效果如图 11-84 所示。

图 11-83   图 11-84

11.4.7   艺术效果滤镜

艺术效果滤镜在 RGB 颜色模式和多通道颜色模式下才可用。艺术效果滤镜菜单如图 11-85 所示。应用不同的滤镜制作出的效果如图 11-86 所示。

图 11-85　　　　原图　　　　　壁画　　　　彩色铅笔　　　　粗糙蜡笔

底纹效果　　　　调色刀　　　　干画笔　　　　海报边缘

海绵　　　　绘画涂抹　　　　胶片颗粒　　　　木刻

霓虹灯光　　　　水彩　　　　塑料包装　　　　涂抹棒

图 11-86

11.4.8　课堂案例——制作彩色铅笔效果

【案例学习目标】学习使用画笔描边滤镜、风格化滤镜和素描滤镜制作彩色铅笔效果。

【案例知识要点】使用颗粒滤镜命令添加图片颗粒效果。使用查找边缘滤镜命令调整图片色调。使用影印滤镜命令制作图片影印效果，如图 11-87 所示。

【效果所在位置】光盘/Ch11/效果/制作彩色铅笔效果.psd。

图 11-87

1．添加图片颗粒效果

（1）按 Ctrl+O 组合键，打开光盘中的"Ch11 > 素材 > 制作彩色铅笔效果 > 01"文件，效果如图 11-88 所示。将"背景"图层拖曳到控制面板下方的"创建新图层"按钮 上进行复制，生成新的图层"背景 副本"。

图 11-88

（2）选择"滤镜 > 纹理 > 颗粒"命令，在弹出的对话框中进行设置，如图 11-89 所示，单击"确定"按钮，效果如图 11-90 所示。

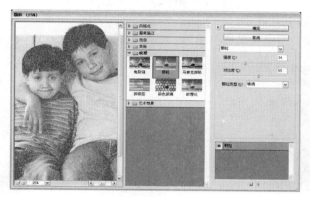

图 11-89

图 11-90

（3）选择"滤镜 > 画笔描边 > 成角的线条"命令，在弹出的对话框中进行设置，如图 11-91 所示，单击"确定"按钮，效果如图 11-92 所示。

图 11-91

图 11-92

（4）将"背景 副本"图层拖曳到控制面板下方的"创建新图层"按钮 上进行复制，将其复制两次，分别生成新的副本图层，隐藏这两个图层。选中"背景 副本"图层，单击"图层"控制面板下方的"添加图层蒙版"按钮 ，为"背景 副本"图层添加蒙版，如图 11-93 所示。

（5）按 D 键，将工具箱中的前景色和背景色恢复为默认黑白两色。选择"画笔"工具 ，在属性栏中单击"画笔"选项右侧的按钮，弹出画笔选择面板，将"主直径"选项设为 200，将"硬度"选项设为 0%，在图像窗口中涂抹两个男孩的脸部，将脸部显示，效果如图 11-94 所示。

图 11-93

图 11-94

2. 制作彩色铅笔效果

（1）显示并选中"背景 副本 2"图层。选择"滤镜 > 风格化 > 查找边缘"命令，效果如图 11-95 所示。在"图层"控制面板上方，将"背景 副本 3"图层的混合模式设为"叠加"，将"不透明度"选项设为 90%，如图 11-96 所示，图像效果如图 11-97 所示。

图 11-95

图 11-96

图 11-97

（2）显示并选中"背景 副本 3"图层。选择"滤镜 > 素描 > 影印"命令，在弹出的对话框中进行设置，如图 11-98 所示，单击"确定"按钮，图像效果如图 11-99 所示。

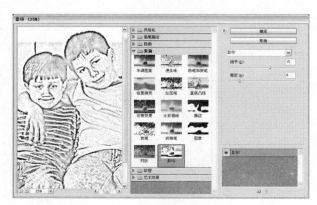

图 11-98

图 11-99

（3）在"图层"控制面板上方，将"背景 副本 3"图层的混合模式选项设为"强光"，"不透明度"选项设为 80%，如图 11-100 所示，图像效果如图 11-101 所示。

（4）按 Ctrl+O 组合键，打开光盘中的"Ch11 > 素材 > 制作彩色铅笔效果 > 02"文件，选择"移动"工具 ，将文字拖曳到图像窗口的右上方，效果如图 11-102 所示。彩色铅笔效果制作完成。

图 11-100

图 11-101

图 11-102

11.4.9　画笔描边滤镜

画笔描边滤镜对 CMYK 和 Lab 颜色模式的图像都不起作用。画笔描边滤镜菜单如图 11-103 所示。应用不同的滤镜制作出的效果如图 11-104 所示。

图 11-103

图 11-104

11.4.10　风格化滤镜

风格化滤镜可以产生印象派以及其他风格画派作品的效果，它是完全模拟真实艺术手法进行创作的。风格化滤镜菜单如图 11-105 所示。应用不同的滤镜制作出的效果如图 11-106 所示。

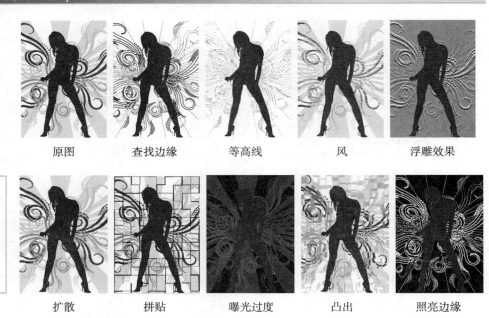

原图	查找边缘	等高线	风	浮雕效果

查找边缘
等高线…
风…
浮雕效果…
扩散…
拼贴…
曝光过度
凸出…
照亮边缘…

扩散	拼贴	曝光过度	凸出	照亮边缘

图 11-105   图 11-106

11.4.11　素描滤镜

素描滤镜可以制作出多种绘画效果。素描滤镜只对 RGB 或灰度模式的图像起作用。素描滤镜菜单如图 11-107 所示。应用不同的滤镜制作出的效果如图 11-108 所示。

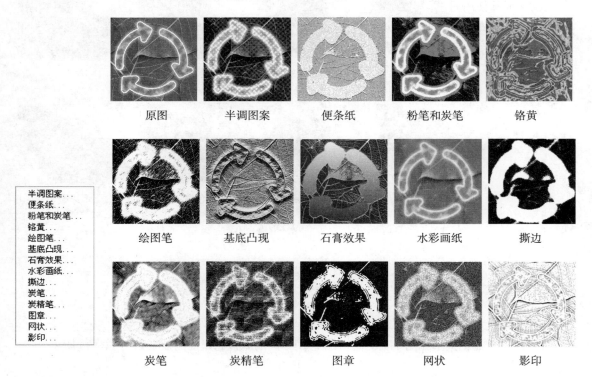

原图	半调图案	便条纸	粉笔和炭笔	铬黄

半调图案…
便条纸…
粉笔和炭笔…
铬黄…
绘图笔…
基底凸现…
石膏效果…
水彩画纸…
撕边…
炭笔…
炭精笔…
图章…
网状…
影印…

绘图笔	基底凸现	石膏效果	水彩画纸	撕边
炭笔	炭精笔	图章	网状	影印

图 11-107   图 11-108

11.5 滤镜使用技巧

重复使用滤镜、对局部图像使用滤镜可以使图像产生更加丰富、生动的变化。

11.5.1 重复使用滤镜

如果在使用一次滤镜后，效果不理想，可以按 Ctrl+F 组合键，重复使用滤镜。重复使用染色玻璃滤镜的不同效果如图 11-109 所示。

 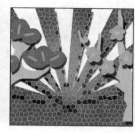 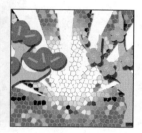

图 11-109

11.5.2 对图像局部使用滤镜

对图像局部使用滤镜，是常用的处理图像的方法。在要应用的图像上绘制选区，如图 11-110 所示，对选区中的图像使用球面化滤镜，效果如图 11-111 所示。如果对选区进行羽化后再使用滤镜，就可以得到与原图溶为一体的效果。在"羽化选区"对话框中设置羽化的数值，如图 11-112 所示，对选区进行羽化后再使用滤镜得到的效果如图 11-113 所示。

图 11-110

图 11-111

图 11-112

图 11-113

课堂练习——制作国画效果

【练习知识要点】使用滤镜命令制作背景。使用去色命令将图片去色。使用添加杂色命令添加图片杂色。使用色彩平衡命令调整图片的颜色。使用自定形状工具和描边命令制作装饰边框。国画效果如图 11-114 所示。

【效果所在位置】光盘/Ch11/效果/制作国画效果.psd。

图 11-114

课后习题——制作时尚装饰画

【习题知识要点】使用旋转扭曲命令制作圆形底图变形效果。使用高斯模糊命令添加底图模糊效果。使用彩色半调命令制作底图特殊效果。使用画笔工具绘制小草。使用自定形状工具绘制装饰符号。时尚装饰画效果如图 11-115 所示。

【效果所在位置】光盘/Ch11/效果/制作时尚装饰画.psd。

图 11-115

第12章
商业案例实训

本章结合多个应用领域商业案例的实际应用，通过案例分析、案例设计、案例制作进一步详解了 Photoshop 强大的应用功能和制作技巧。读者在学习商业案例并完成大量商业练习和习题后，可以快速地掌握商业案例设计的理念和软件的技术要点，设计制作出专业的案例。

12.1 时尚人物插画

12.1.1 案例分析

时尚人物插画是报刊杂志、商业广告中经常会用到的插画内容。现代时尚的插画风格和清新独特的内容，可以为报刊、杂志、商业广告增色不少。本例是为杂志中的时尚栏目设计创作的插画，画面要表现现代都市青年女性在假期中轻松快意的生活。

在绘制思路上，首先要设计都市背景下的生活景象，从典型的都市街景入手，绘制出街头的元素，如交通信号灯、斑马线及楼体的玻璃幕墙和反光。再绘制一个时尚女孩，这也是画面的核心。从女孩的五官开始绘制，接着绘制身体部分，注意对人物的刻画细致准确。整体用色简洁大方、搭配得当，表现出都市女孩的青春靓丽。最后再绘制一个音乐耳机，表现出都市流行音乐的魅力。

本例将使用钢笔工具来绘制人物轮廓，使用路径转化为选区命令和填充命令为人体各部分填充需要的颜色，使用画笔工具和描边命令制作眉毛和眼框，使用椭圆选框工具和羽化选区命令绘制腮红，使用移动工具添加背景图片。

12.1.2 案例设计

本案例设计流程如图 12-1 所示。

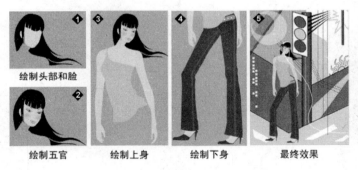

图 12-1

12.1.3 案例制作

1. 绘制头部

（1）按 Ctrl+N 组合键，新建一个文件：宽度为 21 厘米，高度为 29.7 厘米，分辨率为 200 像素/英寸，颜色模式为 RGB，背景内容为白色，单击"确定"按钮。将前景色设为蓝色（其 R、G、B 的值分别为 131、201、227），按 Alt + Delete 组合键，用前景色填充"背景"图层。

（2）单击"图层"控制面板下方的"创建新组"按钮 ▢，生成新的图层组并将其命名为"头部"。新建图层并将其命名为"脸形"。选择"钢笔"工具 ✎，选中属性栏中的"路径"按钮 ▨，在图像窗口中拖曳鼠标绘制路径，如图 12-2 所示。

（3）按 Ctrl+Enter 组合键，将路径转换为选区。将前景色设为肉色（其 R、G、B 的值分别为 244、221、207）。按 Alt+Delete 组合键，用前景色填充选区，按 Ctrl+D 组合键，取消选区，效果如图 12-3 所示。

（4）新建图层并将其命名为"头发"。将前景色设为黑色。选择"钢笔"工具 ✐，在图像窗口中绘制路径，如图 12-4 所示。

（5）按 Ctrl+Enter 组合键，将路径转换为选区。按 Alt+Delete 组合键，用前景色填充选区。按 Ctrl+D 组合键，取消选区，效果如图 12-5 所示。

图 12-2

图 12-3

图 12-4

图 12-5

（6）新建图层并将其命名为"眉毛"。选择"钢笔"工具 ✐，在图像窗口中绘制多条路径，效果如图 12-6 所示。选择"画笔"工具 ✐，在属性栏中单击"画笔"选项右侧的按钮 ·，弹出画笔选择面板，在面板中选择需要的画笔形状，将"大小"选项设为 3px，如图 12-7 所示。

图 12-6

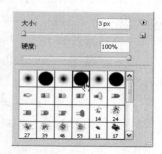
图 12-7

（7）选择"路径选择"工具 ▶，将多条路径同时选取，在路径上单击鼠标右键，在弹出的菜单中选择"描边路径"命令，在弹出的对话框中进行设置，如图 12-8 所示，单击"确定"按钮，按 Enter 键，隐藏路径，效果如图 12-9 所示。

图 12-8

图 12-9

（8）新建图层并将其命名为"眼影"。选择"钢笔"工具 ✐，在图像窗口中绘制两条路径，如图 12-10 所示。将前景色设为粉红色（其 R、G、B 的值分别为 237、184、181）。按 Ctrl + Enter 组合键，将路径转换为选区。按 Alt+Delete 组合键，用前景色填充选区。按 Ctrl+D 组合键，取消选区，效果如图 12-11 所示。

（9）将"眼影"图层拖曳到"图层"控制面板下方的"创建新图层"按钮 ⬚ 上进行复制，生成新的图层"眼影 副本"，再将其拖曳到"眼影"图层的下方，如图 12-12 所示。将前景色设为淡红色（其 R、G、B 的值分别为 243、133、128）。按住 Ctrl 键的同时，单击"眼影 副本"图层的图层缩览图，图形周围生成选区，按 Alt+Delete 组合键，用前景色填充选区。按 Ctrl+D 组合键，取消选区。选择"移动"工具 ▶+，将淡红色的眼影图形向下拖曳到适当位置，图像效果如图 12-13 所示。

图 12-10   图 12-11   图 12-12   图 12-13

（10）新建图层并将其命名为"眼睛"，拖曳到"眉毛"图层的下方。将前景色设为绿色（其 R、G、B 的值分别为 99、160、90）。选择"椭圆选框"工具 ◯，按住 Shift 键的同时，在图像窗口中绘制一个圆形选区，按 Alt+Delete 组合键，用前景色填充选区，效果如图 12-14 所示。

（11）在圆形选区上单击鼠标右键，在弹出的菜单中选择"变换选区"命令，图像周围出现控制手柄，向内拖曳控制手柄将选区缩小，按 Enter 键确定操作。将前景色设为淡蓝色（其 R、G、B 的值分别为 0、124、121）。按 Alt+Delete 组合键，用前景色填充选区，按 Ctrl+D 组合键，取消选区，效果如图 12-15 所示。

（12）复制"眼睛"图层，生成新的"眼睛 副本"图层。选择"移动"工具 ▶+，将复制出的图形拖曳到适当的位置，效果如图 12-16 所示。

图 12-14   图 12-15   图 12-16

（13）选中"眼影"图层。新建图层并将其命名为"嘴"。将前景色设为粉色（其 R、G、B 的值分别为 242、135、182）。选择"钢笔"工具 ✎，在图像窗口中拖曳鼠标绘制路径，如图 12-17 所示。按 Ctrl+Enter 组合键，将路径转换为选区。按 Alt+Delete 组合键，用前景色填充选区。按 Ctrl+D 组合键，取消选区，如图 12-18 所示。

（14）新建图层并将其命名为"鼻子"。将前景色设为肉色（其 R、G、B 的值分别为 230、205、191）。选择"钢笔"工具 ✎，在图像窗口中绘制路径，如图 12-19 所示。按 Ctrl+Enter 组合键，将路径转换为选区。按 Alt+Delete 组合键，用前景色填充选区。按 Ctrl+D 组合键，取消选区，效果如图 12-20 所示。

图 12-17　　　　　　　图 12-18　　　　　　　图 12-19　　　　　　　图 12-20

（15）新建图层并将其命名为"腮红"。将前景色设为浅紫色（其 R、G、B 的值分别为 225、173、196）。选择"椭圆选框"工具 ○，按住 Shift 键的同时，在图像窗口中绘制圆形选区，按 Shift+F6 组合键，在弹出的"羽化选区"对话框中进行设置，如图 12-21 所示，单击"确定"按钮。按 Alt+Delete 组合键，用前景色填充选区。按 Ctrl+D 组合键，取消选区，图像效果如图 12-22 所示。

（16）复制"腮红"图层，生成新的"腮红 副本"图层。选择"移动"工具 ▸＋，在图像窗口中拖曳复制出的图形到适当的位置，如图 12-23 所示。单击"头部"图层组前面的三角形按钮 ▽，将"头部"图层组隐藏。

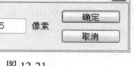

图 12-21　　　　　　　　图 12-22　　　　　　　　图 12-23

2．绘制身体部分

（1）新建图层组并将其命名为"身体"，拖曳到"头部"图层组的下方。新建图层并将其命名为"身体"。选择"钢笔"工具 ✐，在图像窗口中拖曳鼠标绘制路径，如图 12-24 所示。

（2）将前景色设为肉色（其 R、G、B 的值分别为 243、221、207）。按 Ctrl+Enter 组合键，将路径转换为选区。按 Alt+Delete 组合键，用前景色填充选区。按 Ctrl+D 键，取消选区，效果如图 12-25 所示。

（3）新建图层并将其命名为"衣服"。将前景色设为黄色（其 R、G、B 的值分别为 255、212、0）。选择"钢笔"工具 ✐，在图像窗口中绘制路径，如图 12-26 所示。按 Ctrl+Enter 组合键，将路径转换为选区。按 Alt+Delete 组合键，用前景色填充选区。按 Ctrl+D 组合键，取消选区，效果如图 12-27 所示。

图 12-24　　　　　　　图 12-25　　　　　　　图 12-26　　　　　　　图 12-27

（4）新建图层并将其命名为"裤子"。将前景色设为蓝色（其 R、G、B 的值分别为 0、72、130）。选择"钢笔"工具 ，在图像窗口中绘制路径，如图 12-28 所示。按 Ctrl+Enter 组合键，将路径转换为选区。按 Alt+Delete 组合键，用前景色填充选区。按 Ctrl+D 组合键，取消选区，图像效果如图 12-29 所示。

（5）新建图层并将其命名为"光线"。将前景色设为白色。选择"钢笔"工具 ，在图像窗口中绘制路径，如图 12-30 所示。按 Ctrl+Enter 组合键，将路径转换为选区。按 Alt+Delete 组合键，用前景色填充选区。按 Ctrl+D 组合键，取消选区。在"图层"控制面板上方，将"光线"图层的"不透明度"选项设为 15%，效果如图 12-31 所示。

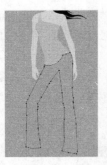   

　　　图 12-28　　　　　　图 12-29　　　　　　图 12-30　　　　　　图 12-31

（6）新建图层并将其命名为"腰带"。将前景色设为橘黄色（其 R、G、B 的值分别为 247、147、29）。单击"裤子"图层左边的眼睛图标 ，隐藏该图层。选择"钢笔"工具 ，在图像窗口中绘制路径，如图 12-32 所示。按 Ctrl+Enter 组合键，将路径转换为选区。按 Alt+Delete 组合键，用前景色填充选区。按 Ctrl+D 组合键，取消选区，效果如图 12-33 所示。

（7）新建图层并将其命名为"白色圆点"。将前景色设为白色。选择"椭圆"工具 ，选中属性栏中的"填充像素"按钮 ，按住 Shift 键的同时，拖曳鼠标在图像窗口中绘制圆形。显示"裤子"图层，效果如图 12-34 所示。

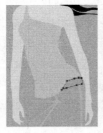  

　　　图 12-32　　　　　　图 12-33　　　　　　　　图 12-34

（8）新建图层并将其命名为"脚"。将前景色设为肉色（其 R、G、B 的值分别为 244、221、207）。选择"钢笔"工具 ，在图像窗口中绘制路径，如图 12-35 所示。按 Ctrl+Enter 组合键，将路径转换为选区。按 Alt+Delete 组合键，用前景色填充选区。按 Ctrl+D 组合键，取消选区，如图 12-36 所示。

（9）新建图层并将其命名为"鞋"。将前景色设为蓝色（其 R、G、B 的值分别为 0、72、130）。选择"钢笔"工具 ，在图像窗口中绘制路径，如图 12-37 所示。按 Ctrl+Enter 组合键，将路径转换为选区。按 Alt+Delete 组合键，用前景色填充选区。按 Ctrl+D 组合键，取消选区，效果如图

12-38 所示。单击"身体"图层组前面的三角形按钮▽，将"身体"图层组隐藏。

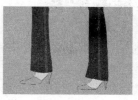

图 12-35   图 12-36   图 12-37   图 12-38

（10）按 Ctrl+O 组合键，打开光盘中的"Ch12 > 素材 > 时尚人物插画 > 01"文件，选择"移动"工具 ，将图片拖曳到图像窗口的适当位置，在"图层"控制面板中生成新的图层并将其命名为"背景图片"，拖曳到"背景"图层的上方，如图 12-39 所示，图像效果如图 12-40 所示。

（11）选中"头部"图层组。按 Ctrl+O 组合键，打开光盘中的"Ch12 > 素材 > 时尚人物插画 > 02"文件，选择"移动"工具 ，将图片拖曳到图像窗口中，如图 12-41 所示，在"图层"控制面板中生成新的图层并将其命名为"耳机"。时尚人物插画效果制作完成。

图 12-39   图 12-40   图 12-41

课堂练习 1——幼儿读物插画

【练习知识要点】使用投影命令为图形添加投影效果。使用动作面板复制图形。使用钢笔工具绘制多个图形。使用椭圆工具绘制树叶图形。使用画笔工具为路径添加描边效果。使用自定形状工具绘制图形。幼儿读物插画效果如图 12-42 所示。

【效果所在位置】光盘/Ch12/效果/幼儿读物插画.psd。

图 12-42

223

课堂练习 2——插画贺卡

【练习知识要点】使用渐变工具和钢笔工具制作背景效果。使用自定形状工具绘制树图形。使用椭圆工具绘制山体图形。使用钢笔工具、填充命令和外发光命令制作云彩图形。使用画笔工具绘制亮光图形。使用投影命令添加图片黑色投影。插画贺卡效果如图 12-43 所示。

【效果所在位置】光盘/Ch12/效果/插画贺卡.psd。

图 12-43

课后习题 1——体育运动插画

【习题知识要点】使用椭圆工具绘制路径。使用画笔工具、自由变换命令和描边路径命令制作装饰图形。使用去色命令和色阶命令调整图片颜色。使用描边命令为图片添加描边效果。体育运动插画效果如图 12-44 所示。

【效果所在位置】光盘/Ch12/效果/体育运动插画.psd。

图 12-44

课后习题 2——购物插画

【习题知识要点】使用钢笔工具、画笔工具和描边路径命令绘制人物轮廓。使用添加图层样式命令为发丝添加描边效果。使用椭圆工具和减淡工具绘制眼球。使用画笔工具绘制鼻子。使用移动工具添加宣传性文字。购物插画效果如图 12-45 所示。

【效果所在位置】光盘/Ch12/效果/购物插画.psd。

图 12-45

12.2 浪漫时光照片模板

12.2.1 案例分析

　　婚纱照片模板被长期广泛地运用在婚纱摄影后期设计处理工作中。婚纱照片由专业的摄影师在室内布景或室外环境中进行拍摄，然后将照片送到后期设计公司进行艺术加工和处理。使婚纱照片的艺术性和个性化得到充分的体现。本例的浪漫时光照片模板要突出表现浪漫的气氛，记录下新婚爱人的幸福时光。

　　在设计思路上，通过粉红色的心形和气泡表现出梦幻的气氛；通过多张婚纱照片的编辑表现出新婚生活的多姿多彩，主体图片更是给人恩爱幸福的感觉；通过对文字的艺术加工来增加浪漫的情调，凸显主题。整体设计以粉红色为基调，寓意甜蜜的生活。

　　本例将使用钢笔工具、加深工具和减淡工具绘制桃心效果，使用画笔工具和外发光命令制作主题人物，使用多种图层样式命令制作文字特效。

12.2.2 案例设计

　　本案例设计流程如图 12-46 所示。

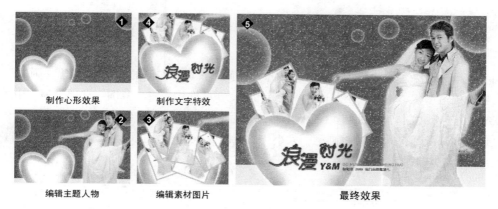

制作心形效果　　　　制作文字特效

编辑主题人物　　　　编辑素材图片　　　　　　　最终效果

图 12-46

12.2.3 案例制作

1．绘制装饰图形

　　（1）按 Ctrl+O 组合键，打开光盘中的"Ch12 > 素材 > 浪漫时光照片模板 > 01"文件，效果如图 12-47 所示。

　　（2）单击"图层"控制面板下方的"创建新图层"按钮 　，生成新的图层并将其命名为"桃心"。将前景色设为浅粉色（其 R、G、B 的值分别为 248、206、216）。选择"钢笔"工具 　，在图像窗口的左下方绘制一条心形路径，按 Ctrl+Enter 组合键，将路径转换为选区，如图 12-48

所示。按 Alt+Delete 组合键，用前景色填充选区，如图 12-49 所示。按 Ctrl+D 组合键，取消选区。

图 12-47

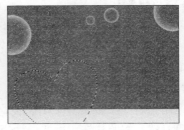
图 12-48

图 12-49

（3）将"桃心"图层拖曳到控制面板下方的"创建新图层"按钮 上进行复制，生成新的图层"桃心 副本"，如图 12-50 所示。按 Ctrl+T 组合键，图形周围出现控制手柄，按住 Shift+Alt 组合键的同时，向内拖曳控制手柄，将图像等比例缩小，并拖曳到适当的位置，按 Enter 键确定操作。按住 Ctrl 键的同时，单击"桃心 副本"图层的缩览图，图像周围生成选区，效果如图 12-51 所示。

图 12-50

图 12-51

（4）选择"加深"工具 ，在属性栏中单击"画笔"选项右侧的按钮 ，弹出"画笔"面板，选择需要的画笔形状，将"大小"选项设为 300px，在属性栏中将"范围"选项设为"中间调"，将"曝光度"选项设为 50%，如图 12-52 所示。用鼠标在选区内侧的边缘进行涂抹，效果如图 12-53 所示。选择"减淡"工具 ，将画笔"大小"选项设为 300px，用鼠标在选区中的左上方进行涂抹，效果如图 12-54 所示。

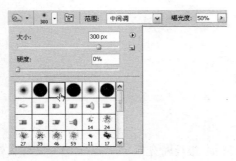
图 12-52

图 12-53

图 12-54

（5）选择菜单"图像 > 调整 > 色阶"命令，在弹出的对话框中进行设置，如图 12-55 所示，单击"确定"按钮，效果如图 12-56 所示。按 Ctrl+D 组合键，取消选区。

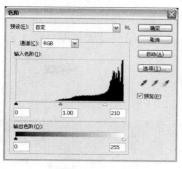

图 12-55　　　　　　　　　　　　图 12-56

（6）单击"图层"控制面板下方的"添加图层样式"按钮 $fx.$，在弹出的菜单中选择"外发光"命令，弹出对话框，将发光颜色设为白色，其他选项的设置如图 12-57 所示，单击"确定"按钮，效果如图 12-58 所示。

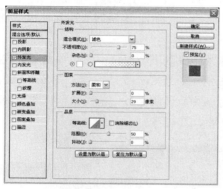

图 12-57　　　　　　　　　　　　图 12-58

2．添加人物照片并进行编辑

（1）按 Ctrl+O 组合键，打开光盘中的"Ch12 > 素材 > 浪漫时光照片模板 > 02"文件，选择"移动"工具 ，将人物图片拖曳到图像窗口中，如图 12-59 所示，在"图层"控制面板中生成新的图层并将其命名为"人物"。

（2）单击"图层"控制面板下方的"添加图层蒙版"按钮 ，为"人物"图层添加蒙版。将前景色设为黑色。选择"画笔"工具 ，在属性栏中单击"画笔"选项右侧的按钮 ，弹出画笔选择面板，选择需要的画笔形状，将"大小"选项设为 100px，如图 12-60 所示，在图像窗口中将人物图片不需要的部分进行擦除，图像效果如图 12-61 所示。

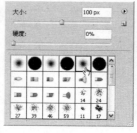

图 12-59　　　　　　　图 12-60　　　　　　　图 12-61

（3）单击"图层"控制面板下方的"添加图层样式"按钮 fx，在弹出的菜单中选择"外发光"命令，弹出对话框，将发光颜色设为白色，其他选项的设置如图 12-62 所示，单击"确定"按钮，效果如图 12-63 所示。

图 12-62　　　　　　　　　　　　　　　图 12-63

（4）按 Ctrl+O 组合键，打开光盘中的"Ch12 > 素材 > 浪漫时光照片模板 > 03、04"文件，如图 12-64、图 12-65 所示。

（5）选择"移动"工具 ，将素材 03 图片拖曳到图像窗口中，在"图层"控制面板中生成新的图层并将其命名为"照片 1"，如图 12-66 所示。按 Ctrl+T 组合键，图片周围出现控制手柄，将鼠标光标放在变换框的控制手柄附近，光标变为旋转图标 ，拖曳鼠标将图片旋转到适当的角度，并调整其大小，按 Enter 键确定操作，效果如图 12-67 所示。

图 12-64　　　　　　图 12-65　　　　　　图 12-66　　　　　　图 12-67

（6）单击"图层"控制面板下方的"添加图层样式"按钮 fx，在弹出的菜单中选择"描边"命令，弹出对话框，将描边颜色设为浅粉色（其 R、G、B 的值分别为 249、183、183），其他选项的设置如图 12-68 所示，单击"确定"按钮，效果如图 12-69 所示。

图 12-68　　　　　　　　　　　　　　　图 12-69

（7）选择"移动"工具 ▶₊，将素材 04 图片拖曳到图像窗口中，在"图层"控制面板中生成新的图层并将其命名为"照片 2"，如图 12-70 所示。用相同的方法调整图片的角度和大小，并添加相同的描边效果，如图 12-71 所示。

（8）在"图层"控制面板中，将"照片 2"图层拖曳到"照片 1"图层的下方，如图 12-72 所示，图像效果如图 12-73 所示。

图 12-70   图 12-71   图 12-72   图 12-73

（9）将"照片 1"图层拖曳到控制面板下方的"创建新图层"按钮 ▣ 上进行复制，生成新的图层"照片 1 副本"，并将其拖曳到"照片 2"图层的下方，如图 12-74 所示。选择"移动"工具 ▶₊，拖曳复制出的图像到适当的位置，并调整适当的角度，效果如图 12-75 所示。

图 12-74   图 12-75

（10）用相同的方法制作其他照片效果，并调整图层的前后顺序，如图 12-76 所示，图像效果如图 12-77 所示。选中"照片 1"图层，按住 Shift 键的同时，单击"照片 3"图层，将两个图层之间的所有图层同时选取，按 Ctrl+G 组合键，将其编组并命名为"照片"，如图 12-78 所示。

图 12-76   图 12-77   图 12-78

3. 添加并编辑文字

（1）在"图层"控制面板中，将"照片"图层组拖曳到"桃心"图层的上方，如图 12-79 所示。选中"人物"图层。按 Ctrl+O 组合键，打开光盘中的"Ch12 > 素材 > 浪漫时光照片模

板 > 05"文件,选择"移动"工具 ,将文字图形拖曳到图像窗口的适当位置,如图 12-80 所示,在"图层"控制面板中生成新的图层并将其命名为"文字"。

图 12-79   图 12-80

(2)单击"图层"控制面板下方的"添加图层样式"按钮 fx.,在弹出的菜单中选择"投影"命令,弹出对话框,将投影颜色设为紫色(其 R、G、B 的值分别为 153、0、70),单击"等高线"选项右侧的按钮,在弹出的面板中选择"环形-双"图标,如图 12-81 所示,其他选项的设置如图 12-82 所示,单击"确定"按钮,效果如图 12-83 所示。

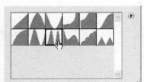

图 12-81   图 12-82   图 12-83

(3)单击"图层"控制面板下方的"添加图层样式"按钮 fx.,在弹出的菜单中选择"颜色叠加"命令,弹出对话框,将叠加颜色设为紫色(其 R、G、B 的值分别为 181、8、87),其他选项的设置如图 12-84 所示,单击"确定"按钮,效果如图 12-85 所示。

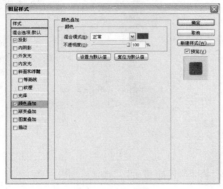

图 12-84   图 12-85

（4）选择"横排文字"工具 **T**，在属性栏中分别选择合适的字体并设置文字大小，分别填充适当的颜色，如图 12-86 所示，在"图层"控制面板中分别生成新的图层，如图 12-87 所示。浪漫时光照片模板制作完成，效果如图 12-88 所示。

图 12-86　　　　　　　　图 12-87　　　　　　　　图 12-88

课堂练习 1——幸福童年照片模板

【练习知识要点】使用矩形选框工具、渐变工具和动作面板制作背景。使用钢笔工具和画笔工具制作色块。使用横排文字工具添加文字。幸福童年照片模板效果如图 12-89 所示。

【效果所在位置】光盘/Ch12/效果/幸福童年照片模板.psd。

图 12-89

课堂练习 2——亲密爱人照片模板

【练习知识要点】使用图层蒙版和画笔工具制作合成效果。使用矩形选框工具和喷溅命令制作相框。使用外发光命令为图片添加发光效果。使用画笔工具绘制文字周围的白光。亲密爱人照片模板效果如图 12-90 所示。

【效果所在位置】光盘/Ch12/亲密爱人照片模板.psd。

图 12-90

课后习题 1——幸福相伴照片模板

【习题知识要点】使用点状化滤镜命令添加图片的点状化效果。使用去色命令和混合模式命令调整图片的颜色。幸福相伴照片模板效果如图 12-91 所示。

【效果所在位置】光盘/Ch12/效果/幸福相伴照片模板.psd。

图 12-91

课后习题 2——写意人生照片模板

【习题知识要点】使用添加杂色滤镜命令制作背景。使用混合模式命令制作图片的渐隐效果。使用矩形选框工具和圆角矩形工具制作胶片。使用直排文字工具添加需要的文字。写意人生照片模板效果如图 12-92 所示。

【效果所在位置】光盘/Ch12/效果/写意人生照片模板.psd。

图 12-92

12.3 婚庆请柬

12.3.1 案例分析

在婚礼举行前需要给亲朋好友发送婚庆请柬，婚庆请柬的装帧设计上应精美雅致，创造出喜庆、浪漫、温馨的气氛。使被邀请者体会到主人的热情与诚意，感受到亲切和喜悦。婚庆请柬的设计要将现代元素与传统文化相结合，表现出新时代婚礼的特色和风格。

在设计制作上，通过金色纹理的背景图展示出婚礼的尊贵，将颇具现代感的折页和传统特色的金色花形图案完美结合，凸显出典雅大方、别致温馨的效果，最后通过浮雕文字和戒指图形烘

托出请柬主题，展示时尚浪漫之感。

　　本例将使用纹理化滤镜、减淡和加深工具制作背景效果，使用移动工具添加图案和文字，使用投影命令为文字添加投影效果，使用多边形套索工具和高斯模糊滤镜命令制作图片的投影。

12.3.2　案例设计

本案例设计流程如图 12-93 所示。

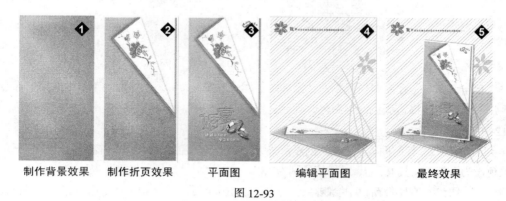

制作背景效果　　　制作折页效果　　　　平面图　　　　　编辑平面图　　　　最终效果

图 12-93

12.3.3　案例制作

1．制作背景图像

　　（1）按 Ctrl+N 组合键，新建一个文件：宽度为 13 厘米，高度为 26 厘米，分辨率为 300 像素/英寸，颜色模式为 RGB，背景内容为白色，单击"确定"按钮。

　　（2）单击"图层"控制面板下方的"创建新图层"按钮 ，生成新的图层并将其命名为"长方矩形"。将前景色设为浅黄色（其 R、G、B 的值分别为 217、214、145）。按 Alt+Delete 组合键，用前景色填充图层，效果如图 12-94 所示。

　　（3）选择菜单"滤镜 > 纹理 > 纹理化"命令，在弹出的对话框中进行设置，如图 12-95 所示，单击"确定"按钮，效果如图 12-96 所示。

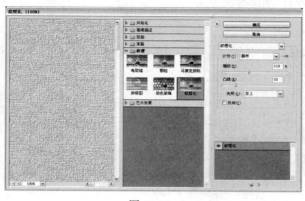

　　图 12-94　　　　　　　　　　　　　　图 12-95　　　　　　　　　　　　　图 12-96

（4）选择"加深"工具 ，在属性栏中单击"画笔"选项右侧的按钮 ，弹出画笔选择面板，选择需要的画笔形状，将"大小"选项设为 500px，如图 12-97 所示。在属性栏中将"曝光度"设为 50%，在图像窗口中拖曳鼠标涂抹图像，效果如图 12-98 所示。

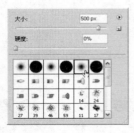

图 12-97　　　　　　　　　　图 12-98

（5）单击"图层"控制面板下方的"添加图层样式"按钮 _fx._，在弹出的菜单中选择"描边"命令，弹出对话框，将描边颜色设为白色，其他选项的设置如图 12-99 所示，单击"确定"按钮，效果如图 12-100 所示。

（6）单击"图层"控制面板下方的"创建新图层"按钮 ，生成新的图层并将其命名为"三角形"。将前景色设为土黄色（其 R、G、B 的值分别为 185、177、76）。选择"钢笔"工具 ，选中属性栏中的"路径"按钮 ，在图像窗口中绘制路径，如图 12-101 所示。按 Ctrl+Enter 组合键，将路径转化为选区。按 Alt+Delete 组合键，用前景色填充选区。按 Ctrl+D 组合键，取消选区，效果如图 12-102 所示。

图 12-99　　　　　　　图 12-100　　　　　　图 12-101　　　　　　图 12-102

（7）选择菜单"滤镜 > 纹理 > 纹理化"命令，在弹出的对话框中进行设置，如图 12-103 所示，单击"确定"按钮，图像效果如图 12-104 所示。

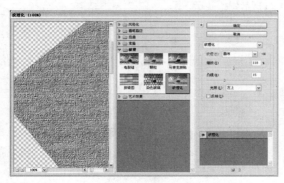

图 12-103　　　　　　　　　　　图 12-104

（8）选择"减淡"工具，在属性栏中单击"画笔"选项右侧的按钮·，弹出画笔选择面板，选择需要的画笔形状，将"大小"选项设为 500px，如图 12-105 所示，在属性栏中将"曝光度"选项设为 50%，在图像窗口单击鼠标涂抹图像，效果如图 12-106 所示。

（9）单击"图层"控制面板下方的"添加图层样式"按钮 fx，在弹出的菜单中选择"投影"命令，在弹出的对话框中进行设置，如图 12-107 所示，单击"确定"按钮，如图 12-108 所示。

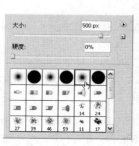

图 12-105

图 12-106

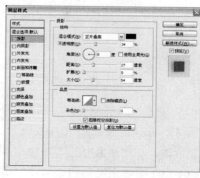

图 12-107

图 12-108

（10）单击"图层"控制面板下方的"添加图层样式"按钮 fx，在弹出的菜单中选择"描边"命令，弹出对话框，设置描边颜色为棕色（其 R、G、B 的值分别为 99、92、1），其他选项的设置如图 12-109 所示，单击"确定"按钮，效果如图 12-110 所示。

（11）单击"图层"控制面板下方的"创建新图层"按钮 ，生成新的图层并将其命名为"白色形状"。将前景色设为白色。选择"钢笔"工具 ，在图像窗口中绘制路径，如图 12-111 所示。按 Ctrl+Enter 组合键，路径转换为选区。按 Alt+Delete 组合键，用前景色填充选区。按 Ctrl+D 组合键，取消选区，效果如图 12-112 所示。

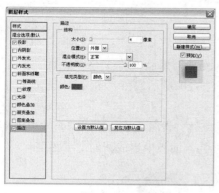

图 12-109

图 12-110

图 12-111

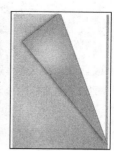

图 12-112

（12）将"白色形状"图层拖曳到控制面板下方的"创建新图层"按钮 上进行复制，生成新的图层"白色形状 副本"。按 Ctrl+T 组合键，图像周围出现变换框，在变换框内单击鼠标右键，在弹出的菜单中选择"水平翻转"命令，翻转图形，并将其旋转至适当的角度，按 Enter 键确定操作，图像效果如图 12-113 所示。

（13）单击"图层"控制面板下方的"添加图层样式"按钮 fx，在弹出的菜单中选择"投影"命令，在弹出的对话框中进行设置，如图 12-114 所示，单击"确定"按钮，效果如图 12-115 所示。

图 12-113

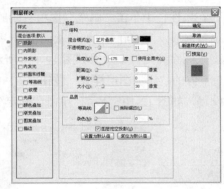
图 12-114

图 12-115

（14）将"白色形状 副本"图层拖曳到控制面板下方的"创建新图层"按钮 上进行复制，生成新的图层"白色形状 副本 2"，如图 12-116 所示，效果如图 12-117 所示。

（15）按 Ctrl+O 组合键，打开光盘中的"Ch12 > 素材 > 婚庆请柬 > 01、02"文件，选择"移动"工具 ，分别将 01、02 图形拖曳到图像窗口的适当位置，效果如图 12-118 所示，在"图层"控制面板中生成新的图层并分别命名为"花形"、"婚宴"，如图 12-119 所示。

图 12-116

图 12-117

图 12-118

图 12-119

2．添加装饰图形

（1）按 Ctrl+O 组合键，打开光盘中的"Ch12 > 素材 > 婚庆请柬 > 03"文件，选择"移动"工具 ，将戒指图片拖曳到图像窗口的右下方，效果如图 12-120 所示，在"图层"控制面板中生成新的图层并将其命名为"戒指"。

（2）选择"横排文字"工具 ，在属性栏中选择合适的字体并设置大小，输入需要的白色文字，并适当的调整文字间距，如图 12-121 所示，在"图层"控制面板中生成新的文字图层。

图 12-120

图 12-121

（3）单击"图层"控制面板下方的"添加图层样式"按钮 ，在弹出的菜单中选择"投影"命令，在弹出的对话框中进行设置，如图 12-122 所示，单击"确定"按钮，效果如图 12-123 所示。

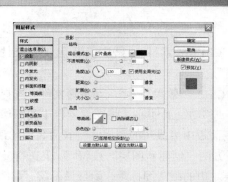

图 12-122　　　　　　　　　　　　　图 12-123

（4）按 Ctrl+O 组合键，打开光盘中的"Ch12 > 素材 > 婚庆请柬 > 04"文件，选择"移动"工具 ，将图形拖曳到图像窗口的右下方，效果如图 12-124 所示，在"图层"控制面板中生成新的图层并将其命名为"心形"，如图 12-125 所示。

（5）将"戒指"图层拖曳到控制面板下方的"创建新图层"按钮 上进行复制，生成新图层"戒指副本"，并拖曳到"图层"控制面板的最上方。选择"移动"工具 ，将复制出的副本图形拖曳到图像窗口的右上方，并调整其大小，效果如图 12-126 所示。

图 12-124　　　　　　　　　图 12-125　　　　　　　　　图 12-126

（6）单击"图层"控制面板下方的"创建新图层"按钮 ，生成新的图层并将其命名为"直线"。将前景色设为黑色。选择"直线"工具 ，选中属性栏中的"填充像素"按钮 ，将"粗细"选项设为 3px，按住 Shift 键的同时，拖曳鼠标绘制直线，效果如图 12-127 所示。选择"椭圆"工具 ，按住 Shift 键的同时，在图像窗口中绘制圆形，效果如图 12-128 所示。

（7）将前景色设为红色（其 R、G、B 的值分别为 160、0、0）。选择"横排文字"工具 ，在属性栏中选择合适的字体并设置大小，输入需要的文字并将其选取，适当的调整文字间距，效果如图 12-129 所示，在"图层"控制面板中生成新的文字图层。"婚庆请柬"效果制作完成。按 Ctrl+S 组合键，弹出"储存为"对话框，将文件名设为"婚庆请柬"，保存图像为 PSD 格式，单击"确定"按钮，将图像保存。

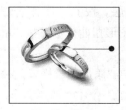

图 12-127　　　　　　　　　图 12-128　　　　　　　　　图 12-129

3．制作请柬展示效果

（1）按 Ctrl+O 组合键，打开光盘中的"Ch12 > 素材 > 婚庆请柬 > 05"文件，图像效果如图 12-130 所示。

（2）按 Ctrl+O 组合键，打开光盘中的"Ch12 > 效果 > 婚庆请柬"文件。选择菜单"图层 > 合并可见图层"命令，合并所有图层。选择"移动"工具 ，将图像窗口中的图像拖曳到新建的文件中，如图 12-131 所示，在"图层"控制面板中生成新的图层并将其命名为"请柬"。

（3）将"请柬"图层拖曳到控制面板下方的"创建新图层"按钮 上进行复制，生成新的图层"请柬 副本"。单击"请柬 副本"图层左边的眼睛图标 ，隐藏该图层，如图 12-132 所示。

（4）选中"请柬"图层。按 Ctrl+T 组合键，图像周围出现变换框，按住 Ctrl 键的同时，拖曳变换框的控制手柄，使图形扭曲变形，按 Enter 键确定操作，效果如图 12-133 所示。

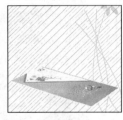

| 图 12-130 | 图 12-131 | 图 12-132 | 图 12-133 |

（5）单击"图层"控制面板下方的"添加图层样式"按钮 ，在弹出的菜单中选择"投影"命令，在弹出的对话框中进行设置，如图 12-134 所示，单击"确定"按钮，图像效果如图 12-135 所示。

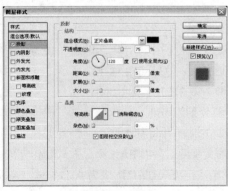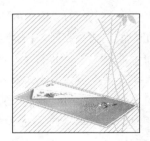

| 图 12-134 | 图 12-135 |

（6）显示并选中"请柬 副本"图层。按 Ctrl+T 组合键，图像周围出现变换框，按住 Ctrl 键的同时，拖曳变换框的控制手柄，使图形扭曲变形，按 Enter 键确定操作，图像效果如图 12-136 所示。

（7）单击"图层"控制面板下方的"添加图层样式"按钮 ，在弹出的菜单中选择"投影"选项，在弹出的对话框中进行设置，如图 12-137 所示，单击"确定"按钮，图像效果如图 12-138 所示。

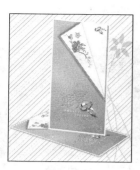

图 12-136

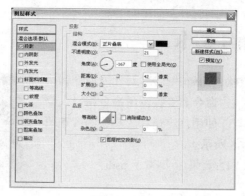

图 12-137

图 12-138

（8）单击"图层"控制面板下方的"创建新图层"按钮 ，生成新的图层并将其命名为"投影"。将前景色设为黑色。选择"多边形套索"工具 ，在图像窗口中单击鼠标绘制不规则选区，效果如图 12-139 所示。按 Alt+Delete 组合键，用前景色填充选区。按 Ctrl+D 组合键，取消选区。选择"移动"工具 ，将图形拖曳到适当的位置，效果如图 12-140 所示。

（9）选择菜单"滤镜 > 模糊 > 高斯模糊"命令，在弹出的对话框中进行设置，如图 12-141 所示，单击"确定"按钮，效果如图 12-142 所示。

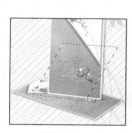

图 12-139

图 12-140

图 12-141

图 12-142

（10）在"图层"控制面板中，将"投影"图层拖曳到"请柬 副本"图层的下方，并将其"不透明度"选项设为 15%，如图 12-143 所示，图像效果如图 12-144 所示。"请柬展示效果"制作完成，如图 12-145 所示。

图 12-143

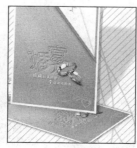

图 12-144

图 12-145

课堂练习 1——新年贺卡

【练习知识要点】使用点状化命令、亮度/对比度命令和魔棒工具制作背景杂点。使用描边命令和变换图形命令编辑人物图片。使用画笔工具绘制亮点。使用自定形状工具绘制雪花图形。新年贺卡效果如图 12-146 所示。

【效果所在位置】光盘/Ch12/效果/新年贺卡.psd。

图 12-146

课堂练习 2——美体宣传卡

【练习知识要点】使用多边形套索工具和移动工具复制并添加花图形。使用外发光命令为小标添加发光效果。使用圆角矩形工具绘制宣传板。使用画笔工具为宣传板添加虚线描边。使用文字工具输入需要的宣传语。美体宣传卡效果如图 12-147 所示。

【效果所在位置】光盘/Ch12/美体宣传卡.psd。

图 12-147

课后习题 1——圣诞贺卡

【习题知识要点】使用自定形状工具和定义图案命令定义图案。使用椭圆选框工具和羽化命令绘制雪人身体。使用钢笔工具、椭圆工具和自定形状工具绘制雪人的其他部分。圣诞贺卡效果如图 12-148 所示。

【效果所在位置】光盘/Ch12/效果/圣诞贺卡.psd。

图 12-148

课后习题 2——个性请柬

【习题知识要点】使用添加图层蒙版命令和渐变工具制作图形的渐隐效果。使用矩形工具和投影命令制作请柬内页。使用钢笔工具、渐变工具和投影命令制作卷页效果。使用自定形状工具和画笔工具绘制装饰图形。个性请柬效果如图 12-149 所示。

【效果所在位置】光盘/Ch12/效果/个性请柬.psd。

图 12-149

12.4 餐饮企业宣传单

12.4.1 案例分析

浙记餐馆是一家经营江浙菜系的主题餐馆。江浙菜以选料严谨、制作精细、清鲜嫩爽、注重原味、品种繁多、因时制宜而享誉国内外，是美食爱好者的首选。在宣传单设计上要表现出江浙的地域文化，突出餐馆的特色菜品。

在设计思路上，通过背景的传统红色和江浙风景图片的巧妙结合，展示餐馆的地域特色；通过对不同菜肴图片的编排展示宣传本店的招牌菜品；通过装饰图形和文字设计，突出餐馆的定位和文化特色。整体的设计风格体现出独具特色的江南美食文化。

本例将使用去色命令将图像去色，使用高斯模糊命令制作图像的模糊效果，使用椭圆工具和画笔工具制作白色装饰图形，使用画笔工具绘制线条图形，使用移动工具添加菜肴图片，使用描边命令为宣传文字添加描边。

12.4.2 案例设计

本案例设计流程如图 12-150 所示。

制作背景效果   编辑素材图片   绘制图形   最终效果

图 12-150

12.4.3 案例制作

1. 合成背景图像

（1）按 Ctrl+N 组合键，新建一个文件：宽度为 21 厘米，高度为 29.7 厘米，分辨率为 200 像素/英寸，颜色模式为 RGB，背景内容为白色，单击"确定"按钮。

（2）选择"渐变"工具，单击属性栏中的"点按可编辑渐变"按钮，弹出"渐变编辑器"对话框，将渐变色设为从暗红色（其 R、G、B 的值分别为 111、11、13）到红色（其 R、G、B 的值分别为 200、33、41），如图 12-151 所示，单击"确定"按钮。选中属性栏中的"线性渐变"按钮，按住 Shift 键的同时，在图像窗口中从上至下拖曳渐变色，效果如图 12-152 所示。

图 12-151   图 12-152

（3）按 Ctrl+O 组合键，打开光盘中的"Ch12 > 素材 > 餐饮企业宣传单 > 01"文件，选择"移动"工具，将建筑图片拖曳到图像窗口的适当位置，效果如图 12-153 所示，在"图层"控制面板中生成新的图层并将其命名为"建筑"。

（4）按 Ctrl+Shift+U 组合键，去除图片颜色，效果如图 12-154 所示。复制"建筑"图层，生成"建筑 副本"图层。选择菜单"图像 > 调整 > 反相"命令，将"建筑 副本"图层中的图像进行反相。在"图层"控制面板上方，将"建筑"图层的混合模式选项设为"颜色减淡"，如图 12-155 所示。

图 12-153   图 12-154   图 12-155

（5）选择菜单"滤镜 > 模糊 > 高斯模糊"命令，在弹出的对话框中进行设置，如图 12-156 所示，单击"确定"按钮，效果如图 12-157 所示。

（6）在"图层"控制面板中，按住 Shift 键的同时，单击"建筑"和"建筑 副本"图层，按 Ctrl+E 组合键，合并图层并将其命名为"建筑"。选择菜单"图像 > 调整 > 反相"命令，将图像反相。在"图层"控制面板上方，将"建筑"图层的混合模式选项设为"滤色"，"不透明度"选项设为 60%，如图 12-158 所示，图像效果如图 12-159 所示。

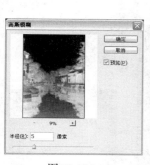

图 12-156　　　　　　　图 12-157　　　　　　　图 12-158　　　　　　　图 12-159

2．绘制图形并添加图片

（1）新建图层并将其命名为"圆环"。将前景色设为白色。选择"椭圆"工具 ，选中属性栏中的"路径"按钮 ，按住 Shift 键的同时，在图像窗口中绘制一个圆形路径，效果如图 12-160 所示。

（2）选择"画笔"工具 ，在属性栏中单击"画笔"选项右侧的按钮 ，弹出画笔面板，单击面板右上方的按钮 ，在弹出的菜单中选择"人造材质画笔"选项，弹出提示对话框，单击"追加"按钮。在属性栏中将"不透明度"选项设为 80%。单击属性栏中的"切换画笔面板"按钮 ，弹出"画笔"控制面板，在面板中进行设置，如图 12-161 所示。选择"形状动态"选项，切换到相应的面板，进行设置，如图 12-162 所示。

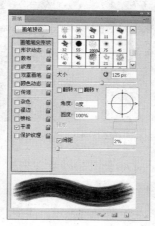
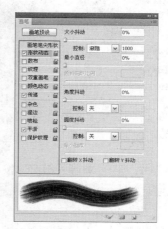

图 12-160　　　　　　　图 12-161　　　　　　　图 12-162

（3）选择"双重画笔"选项，切换到相应的面板，在面板中进行设置，如图 12-163 所示。单击"路径"控制面板下方的"用画笔描边路径"按钮 ，描边路径，并在面板空白处单击鼠标，隐藏路径，效果如图 12-164 所示。

（4）按 Ctrl+T 组合键，图形周围出现变换框，在变换框中单击鼠标右键，在弹出的菜单中选择"垂直翻转"命令，垂直翻转图形，按 Enter 键确定操作，效果如图 12-165 所示。

（5）新建图层并将其命名为"白色圆形"。选择"椭圆"工具 ●，选中属性栏中的"填充像素"按钮 □，按住 Shift 键的同时，拖曳鼠标绘制圆形，效果如图 12-166 所示。

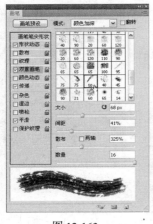

图 12-163   图 12-164   图 12-165   图 12-166

（6）在"图层"控制面板中，同时选取"圆环"图层和"白色圆形"图层，将其拖曳到"创建新图层"按钮 ￼ 上进行复制，生成新的副本图层，如图 12-167 所示。选择"移动"工具 ￼，将复制出的图形拖曳到适当的位置并调整其大小及角度，效果如图 12-168 所示。用相同的方法再次复制图形，并在图像窗口中调整图像的位置、大小及角度，效果如图 12-169 所示，"图层"控制面板如图 12-170 所示。

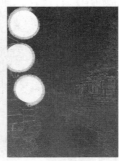

图 12-167   图 12-168   图 12-169   图 12-170

（7）选中"白色圆形"图层。按 Ctrl+O 组合键，打开光盘中的"Ch12 > 素材 > 餐饮企业宣传单 > 02"文件，选择"移动"工具 ￼，将图片拖曳到图像窗口的左上方，效果如图 12-171 所示，在"图层"控制面板中生成新的图层并将其命名为"菜肴"。按 Ctrl+Alt+G 组合键，为该图层创建剪贴蒙版，效果如图 12-172 所示。

（8）选中"白色圆形 副本"图层。按 Ctrl+O 组合键，打开光盘中的"Ch12 > 素材 > 餐饮企业宣传单 > 03"文件，选择"移动"工具 ￼，将图片拖曳到图像窗口的适当位置，如图 12-173 所示。在"图层"控制面板中生成新的图层并将其命名为"菜肴 2"。按 Ctrl+Alt+G 组合键，为该图层创建剪贴蒙版。

（9）选中"白色圆形 副本 2"图层。打开光盘中的"Ch12 > 素材 > 餐饮企业宣传单 > 04"文件，选择"移动"工具，将图片拖曳到图像窗口的左上方，在"图层"控制面板中生成新的图层并将其命名为"菜肴 3"。按 Ctrl+Alt+G 组合键，为该图层创建剪贴蒙版，如图 12-174 所示。

图 12-171　　　　　　图 12-172　　　　　　图 12-173　　　　　　图 12-174

（10）按 Ctrl+O 组合键，打开光盘中的"Ch12 > 素材 > 餐饮企业宣传单 > 05"文件，选择"移动"工具，将图片拖曳到图像窗口的右下方，如图 12-175 所示，在"图层"控制面板中生成新的图层并将其命名为"图形"。选择菜单"图像 > 调整 > 反相"命令，将图像进行反相，效果如图 12-176 所示。

（11）在"图层"控制面板上方，将"图形"图层的混合模式选项设为"滤色"。复制"图形"图层，生成"图形 副本"图层。在"图层"控制面板上方，将"图形 副本"图层的"不透明度"选项设为 40%，效果如图 12-177 所示。

（12）按 Ctrl+O 组合键，打开光盘中的"Ch12 > 素材 > 餐饮企业宣传单 > 06"文件，选择"移动"工具，将图片拖曳到图像窗口的右下方，如图 12-178 所示，在"图层"控制面板中生成新的图层并将其命名为"菜肴 4"。

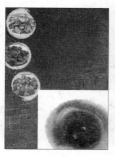 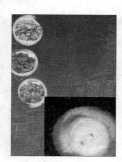  

图 12-175　　　　　　图 12-176　　　　　　图 12-177　　　　　　图 12-178

3．添加宣传性文字

（1）按 Ctrl+O 组合键，打开光盘中的"Ch12 > 素材 > 餐饮企业宣传单 > 07"文件，选择"移动"工具，将图形拖曳到图像窗口中，效果如图 12-179 所示，在"图层"控制面板中生成新的图层并将其命名为"边框"，如图 12-180 所示。

（2）选择"横排文字"工具，输入需要的白色文字，选取文字，在属性栏中选择合适的字体并设置文字大小，调整文字到适当的间距和行距，在"图层"控制面板中生成新的文字图层。选择"移动"工具，按 Ctrl+T 组合键，在文字周围出现变换框，拖曳鼠标旋转文字到适当的角度，按 Enter 键确定操作，效果如图 12-181 所示。

图 12-179　　　　　　　图 12-180　　　　　　　图 12-181

（3）新建图层并将其命名为"黄色线条"。将前景色设为黄色（其 R、G、B 的值分别为 254、174、0）。选择"画笔"工具 ✍️，在属性栏中将"不透明度"选项设为 100%。单击属性栏中的"切换画笔面板"按钮 📶，弹出"画笔"面板，在面板中进行设置，如图 12-182 所示。选择"形状动态"选项，切换到相应的面板，进行设置，如图 12-183 所示，在图像窗口的上方绘制图形，效果如图 12-184 所示。

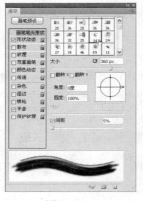

图 12-182　　　　　　　图 12-183　　　　　　　图 12-184

（4）将前景色设为暗红色（其 R、G、B 的值分别为 102、9、10）。选择"横排文字"工具 T，输入需要的文字，选取文字，在属性栏中选择合适的字体并设置文字大小，按 Alt+ →组合键，调整文字到适当的间距，效果如图 12-185 所示。在"图层"控制面板中生成新的文字图层，复制该文字图层，填充文字为白色并调整文字的位置，如图 12-186 所示。

图 12-185　　　　　　　图 12-186

（5）选择"横排文字"工具 T，输入需要的白色文字，选取文字，在属性栏中选择合适的字体并设置文字大小，效果如图 12-187 所示。在"图层"控制面板中生成新的文字图层，按 Ctrl+T

组合键,弹出"字符"面板,在面板中设置文字的间距和行距,如图 12-188 所示。分别选中需要的文字,填充文字为黄色(其 R、G、B 的值分别为 254、174、0),效果如图 12-189 所示。

图 12-187

图 12-188

图 12-189

(6)将前景色设为黄色(其 R、G、B 的值分别为 255、175、0)。选择"横排文字"工具 T,输入需要的文字,选取文字,在属性栏中选择合适的字体并设置文字大小,按 Alt+ →组合键,调整文字到适当的间距,效果如图 12-190 所示,在"图层"控制面板中生成新的文字图层。

(7)单击"图层"控制面板下方的"添加图层样式"按钮 fx,在弹出的菜单中选择"描边"命令,弹出对话框,将描边颜色设为白色,其他选项的设置如图 12-191 所示,单击"确定"按钮,效果如图 12-192 所示。

图 12-190

图 12-191

图 12-192

(8)选择"横排文字"工具 T,分别输入需要的白色文字,分别选取文字,在属性栏中选择合适的字体并设置文字大小,调整文字到适当的间距和行距,效果如图 12-193 所示。餐饮企业宣传单效果制作完成,如图 12-194 所示。

图 12-193

图 12-194

课堂练习 1——水果店宣传单

【练习知识要点】使用钢笔工具绘制背景底图。使用动感模糊命令制作白色模糊效果。使用添加图层样式命令制作圆形的立体效果。使用彩色半调命令制作装饰图形。使用变形文字命令制作飘带文字。水果店宣传单效果如图 12-195 所示。

【效果所在位置】光盘/Ch12/效果/水果店宣传单.psd。

图 12-195

课堂练习 2——旅游胜地宣传单

【练习知识要点】使用色彩平衡命令改变图片的颜色。使用图层蒙版和画笔工具制作图片的合成效果。使用矩形选框工具和文字工具制作宣传语。旅游胜地宣传单效果如图 12-196 所示。

【效果所在位置】光盘/Ch12/效果/旅游胜地宣传单.psd。

图 12-196

课后习题 1——摄像机宣传单

【习题知识要点】使用色彩平衡命令改变图片的颜色。使用添加图层蒙版命令和画笔工具制作照片合成效果。使用横排文字工具添加宣传性文字。摄像机宣传单效果如图 12-197 所示。

【效果所在位置】光盘/Ch12/效果/摄像机宣传单.psd。

图 12-197

课后习题 2——空调宣传单

【习题知识要点】使用椭圆工具和图层样式命令制作装饰圆形。使用自定形状工具绘制装饰星形。使用文字工具输入宣传文字。空调宣传单效果如图 12-198 所示。

【效果所在位置】光盘/Ch12/效果/空调宣传单.psd。

图 12-198

12.5　结婚钻戒海报

12.5.1　案例分析

　　即将步入婚姻殿堂的情侣一定想要为心爱之人购买爱情信物，而结婚钻戒就是最好的爱情信物。在结婚钻戒海报设计上要营造出温馨浪漫的气氛，表达出对爱情的忠贞和对未来美好生活的向往。

　　在设计思路上，通过雪景图片的完美组合制作出静中有动的效果，浪漫的银白世界寓意着爱情的纯洁；使用两颗装饰心形衬托出两枚戒指图形，既突出结婚钻戒的漂亮款式和材质，又揭示出心心相印的爱情主题；最后通过设计的文字点明钻戒的系列主题。

　　本例将使用渐变工具、点状化滤镜命令、动感模糊滤镜命令和去色命令制作雪花，使用添加图层蒙版命令、混合模式命令和不透明度命令制作图片的合成效果，使用自定形状工具、高斯模糊命令和画笔工具绘制装饰图形。

12.5.2　案例设计

　　本案例设计流程如图 12-199 所示。

绘制装饰图形

制作背景效果　　　　编辑素材图片　　　　　最终效果

图 12-199

12.5.3　案例制作

1. 制作雪花效果

　　（1）按 Ctrl+O 组合键，打开光盘中的"Ch12 > 素材 > 结婚钻戒海报 > 01"文件，效果如图 12-200 所示。

　　（2）新建图层并将其命名为"雪花"。选择"渐变"工具█，单击属性栏中的"点按可编辑渐变"按钮██████，弹出"渐变编辑器"对话框，将渐变色设为从灰色（其 R、G、B 的值分别为 114、114、114）到白色，如图 12-201 所示，单击"确定"按钮。按住 Shift 键的同时，在图像窗口中从上至下拖曳渐变色，效果如图 12-202 所示。

图 12-200

图 12-201

图 12-202

（3）选择菜单"滤镜 > 像素化 > 点状化"命令，在弹出的对话框中进行设置，如图 12-203 所示，单击"确定"按钮，效果如图 12-204 所示。

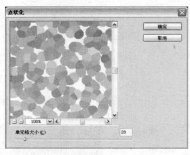

图 12-203

图 12-204

（4）选择菜单"滤镜 > 模糊 > 动感模糊"命令，在弹出的对话框中进行设置，如图 12-205 所示，单击"确定"按钮，效果如图 12-206 所示。

（5）选择菜单"图像 > 调整 > 去色"命令，去除图像颜色，效果如图 12-207 所示。

（6）单击"图层"控制面板下方的"添加图层蒙版"按钮 ，为"雪花"图层添加蒙版。将前景色设为黑色。选择"画笔"工具，在属性栏中单击"画笔"选项右侧的按钮，弹出画笔选择面板，将"大小"选项设为 300px，将"硬度"选项设为 0%。在属性栏中将"不透明度"选项设为 50%，在图像窗口中拖曳鼠标擦除不需要的图像，效果如图 12-208 所示。

图 12-205

图 12-206

图 12-207

图 12-208

（7）在"图层"控制面板上方，将"雪花"图层的混合模式选项设为"滤色"，"不透明度"选项设为 54%，效果如图 12-209 所示。

（8）按 Ctrl+O 组合键，打开光盘中的"Ch12＞素材＞结婚钻戒海报＞02"文件，选择"移动"工具 ，将图片拖曳到图像窗口的下方，效果如图 12-210 所示，在"图层"控制面板中生成新的图层并将其命名为"雪"。

（9）单击"图层"控制面板下方的"添加图层蒙版"按钮 ，为"雪"图层添加蒙版。将前景色设为黑色。选择"画笔"工具 ，在图像窗口中拖曳鼠标擦除不需要的图像，效果如图 12-211 所示。在"图层"控制面板上方，将"雪"图层的混合模式选项设为"变暗"，图像效果如图 12-212 所示。

图 12-209　　　　　图 12-210　　　　　图 12-211　　　　　图 12-212

2．制作装饰图形

（1）单击"图层"控制面板下方的"创建新组"按钮 ，生成新的图层组并将其命名为"戒指"。新建图层生成"图层 1"。将前景色设为白色。选择"自定形状"工具 ，单击属性栏中的"形状"选项，弹出"形状"面板，在"形状"面板中选中图形"红心形卡"，如图 12-213 所示。选中属性栏中的"路径"按钮 ，按住 Shift 键的同时，在图像窗口中拖曳鼠标绘制路径，如图 12-214 所示。

（2）按 Ctrl+Enter 组合键，将路径转换为选区，按 Alt+Delete 组合键，用前景色填充选区，按 Ctrl+D 组合键，取消选区，效果如图 12-215 所示。在"图层"控制面板上方，将"图层 1"图层的"填充"选项设为 0%，如图 12-216 所示。

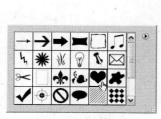   

图 12-213　　　　　图 12-214　　　　　图 12-215　　　　　图 12-216

（3）单击"图层"控制面板下方的"添加图层样式"按钮 ，在弹出的菜单中选择"内发光"命令，弹出对话框，将发光颜色设为白色，其他选项的设置如图 12-217 所示，单击"确定"按钮，效果如图 12-218 所示。

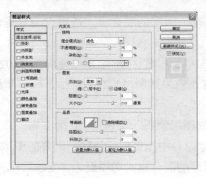

图 12-217　　　　　　　　图 12-218

（4）新建图层生成"图层 2"。按住 Shift 键的同时，用鼠标单击"图层 1"图层，将需要的图层同时选取，按 Ctrl+E 组合键，合并图层并将其命名为"心形"，如图 12-219 所示。

（5）选择菜单"滤镜 > 模糊 > 高斯模糊"命令，在弹出的对话框中进行设置，如图 12-220 所示，单击"确定"按钮，效果如图 12-221 所示。

图 12-219　　　　　　图 12-220　　　　　　　　图 12-221

（6）新建图层并将其命名为"画笔 1"。选择"画笔"工具，单击属性栏中的"切换画笔面板"按钮，弹出"画笔"面板，进行设置，如图 12-222 所示；选择"形状动态"选项，切换到相应的面板，进行设置，如图 12-223 所示；选择"散布"选项，切换到相应的面板，进行设置，如图 12-224 所示。在属性栏中将"不透明度"选项设为 100%，在心形周围拖曳鼠标绘制图形，效果如图 12-225 所示。

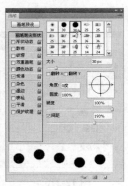

图 12-222　　　　　图 12-223　　　　　图 12-224　　　　　图 12-225

（7）新建图层并将其命名为"画笔 2"。选择"画笔"工具，在图像窗口中拖曳鼠标绘制图形，效果如图 12-226 所示。将"不透明度"选项设为 50%，再次拖曳鼠标，图形效果如图 12-227 所示。

（8）新建图层并将其命名为"画笔 3"。将前景色设为蓝色（其 R、G、B 的值分别为 36、138、225）。选择"画笔"工具 ✐，在心形周围拖曳鼠标绘制图形，效果如图 12-228 所示。

（9）在"图层"控制面板中，按住 Ctrl 键的同时，用鼠标单击选取所有的"画笔"图层，按 Ctrl+E 组合键，合并图层并将其命名为"水晶心"。按住 Shift 键的同时，用鼠标单击"心形"图层，将两个图层同时选取。按 Ctrl+T 组合键，图形周围出现变换框，将鼠标光标放在变换框的控制手柄附近，光标变为旋转图标 ↷，拖曳鼠标将图形旋转到适当的角度，按 Enter 键确定操作，效果如图 12-229 所示。

图 12-226

图 12-227

图 12-228

图 12-229

（10）将选中的图层拖曳到控制面板下方的"创建新图层"按钮 🔲 上进行复制，生成新的副本图层，如图 12-230 所示。

（11）按 Ctrl+T 组合键，图形周围出现变换框，将鼠标光标放在变换框控制手柄的附近，光标变为旋转图标 ↷，拖曳鼠标将图形旋转到适当的角度，并调整其大小，按 Enter 键确定操作，效果如图 12-231 所示。

（12）按 Ctrl+O 组合键，打开光盘中的"Ch12 > 素材 > 结婚钻戒海报 > 03"文件。选择"移动"工具 ►⊕，将戒指图片拖曳到图像窗口中，效果如图 12-232 所示，在"图层"控制面板中生成新的图层并将其命名为"戒指"。"戒指"图层组效果制作完成。

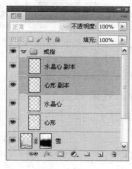

图 12-230

图 12-231

图 12-232

3．添加并编辑文字

（1）按 Ctrl+O 组合键，打开光盘中的"Ch12 > 素材 > 结婚钻戒海报 > 04、05"文件，选择"移动"工具 ►⊕，分别将图片拖曳到图像窗口的右上方，效果如图 12-233 所示，在"图层"控制面板中生成新图层并分别命名为"银色梦幻"、"结婚"。

（2）单击"图层"控制面板下方的"添加图层样式"按钮 fx，在弹出的菜单中选择"投影"命令，弹出对话框，将投影颜色设为深蓝色（其 R、G、B 的值分别为 17、67、127），其他选项的设置如图 12-234 所示，单击"确定"按钮，效果如图 12-235 所示。

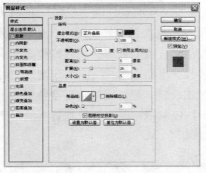

图 12-233   图 12-234   图 12-235

（3）选择"横排文字"工具 **T**，在属性栏中分别选择合适的字体并设置文字大小，输入需要的白色文字，选取文字并调整文字间距，如图 12-236 所示，在"图层"控制面板中分别生成新的文字图层。

（4）选中"钻饰"文字图层。单击"图层"控制面板下方的"添加图层样式"按钮 **fx.**，在弹出的菜单中选择"投影"命令，弹出对话框，将投影颜色设为深蓝色（其 R、G、B 值分别为 17、67、127），其他选项的设置如图 12-237 所示，单击"确定"按钮，效果如图 12-238 所示。

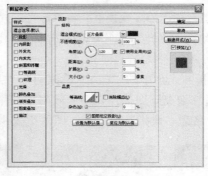

图 12-236   图 12-237   图 12-238

（5）按 Ctrl+O 组合键，打开光盘中的"Ch12 > 素材 > 结婚钻戒海报 > 06、07"文件，选择"移动"工具 ，分别将图形拖曳到图像窗口的适当位置，效果如图 12-239 所示，在"图层"控制面板中生成新的图层并分别命名为"文字"、"太阳"，如图 12-240 所示。结婚钻戒海报效果制作完成。

图 12-239   图 12-240

课堂练习 1——饮料产品海报

【练习知识要点】使用外发光命令为果汁图片添加发光效果。使用投影命令为花朵图形添加投影。使用直排文字工具输入宣传语。使用钢笔工具、通道面板和滤镜库命令制作蓝色装饰图形。饮料产品海报效果如图 12-241 所示。

【效果所在位置】光盘/Ch12/效果/饮料产品海报.psd。

图 12-241

课堂练习 2——电脑产品海报

【练习知识要点】使用钢笔工具和椭圆工具绘制装饰图形。使用自由变换命令将图形变形。使用自定形状工具添加符号。电脑产品海报效果如图 12-242 所示。

【效果所在位置】光盘/Ch12/效果/电脑产品海报.psd。

图 12-242

课后习题 1——影视剧海报

【习题知识要点】使用钢笔工具和自定形状工具绘制装饰图形。使用圆角矩形工具和内阴影命令制作电视图形。使用添加图层样式命令制作文字特效。影视剧海报效果如图 12-243 所示。

【效果所在位置】光盘/Ch12/效果/影视剧海报.psd。

图 12-243

课后习题 2——酒吧海报

【习题知识要点】使用钢笔工具绘制装饰底图。使用扩展选区命令制作人物投影。使用混合模式命令制作图片的叠加效果。使用文字工具输入宣传性文字。酒吧海报效果如图 12-244 所示。

【效果所在位置】光盘/Ch12/效果/酒吧海报.psd。

图 12-244

12.6 牙膏广告

12.6.1 案例分析

牙膏可以对抗很多的口腔问题，如防蛀修护、减少牙龈问题、牙齿敏感和牙结石的形成，更能去除牙菌斑、清新口气、洁白牙齿等。本例是一个牙膏宣传广告，主要针对的客户是经常洁净牙齿、保护口腔的普通大众。在广告设计上要表现出口腔健康，生活更健康的概念。

在设计思路上，使用浅蓝色的天空和绿色大地展示出清新秀丽、自然健康的氛围。青年人物图片的使用给人以活泼、积极、快乐生活的理念。主体变形文字给人以柔和清爽的感觉，并与牙膏的图片相呼应，点明保持洁净牙齿，拥有健康生活的主题。

本例将使用亮度/对比度命令调整人物图片的颜色，使用横排文字工具、钢笔工具和添加图层样式命令制作广告语，使用扩展命令和渐变工具制作广告语底图，使用横排文字工具和描边命令添加小标题。

12.6.2 案例设计

本案例设计流程如图 12-245 所示。

编辑素材图片

背景图　　　　　　编辑文字　　　　　　最终效果

图 12-245

12.6.3 案例制作

1. 添加背景图片

（1）按 Ctrl+O 组合键，打开光盘中的"Ch12 > 素材 > 牙膏广告 > 01"文件，图像效果如图 12-246 所示。

（2）按 Ctrl+O 组合键，打开光盘中的"Ch12 > 素材 > 牙膏广告 > 02"文件，将人物图片拖曳到图像窗口的下方，效果如图 12-247 所示，在"图层"控制面板中生成新的图层并将其命名为"人物"。

（3）单击"图层"控制面板下方的"添加图层样式"按钮 _fx_，在弹出的菜单中选择"投影"命令，在弹出的对话框中进行设置，如图 12-248 所示，单击"确定"按钮，效果如图 12-249 所示。

图 12-246

图 12-247

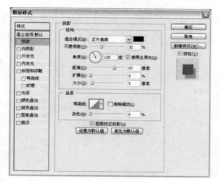
图 12-248

图 12-249

（4）按住 Ctrl 键的同时，单击"人物"图层的缩览图，人物周围生成选区。单击"图层"控制面板下方的"创建新的填充或调整图层"按钮 ，在弹出的菜单中选择"亮度/对比度"命令，在"图层"控制面板中生成"亮度/对比度 1"图层，同时弹出"亮度/对比度"面板，在面板中进行设置，如图 12-250 所示，按 Enter 键，效果如图 12-251 所示。

图 12-250

图 12-251

2．编辑文字并添加图片

（1）选择"横排文字"工具 T，输入需要的文字并将其选取，在属性栏中选择合适的字体并设置文字大小，如图 12-252 所示，在"图层"控制面板中生成新的文字图层。按 Ctrl+T 组合键，弹出"字符"面板，将"设置所选字符的字距调整"选项 设为 20，如图 12-253 所示，文字效果如图 12-254 所示。

（2）选择"移动"工具，按 Ctrl+T 组合键，文字周围出现变换框，按住 Ctrl 键的同时，拖曳变换框右上方的控制手柄，使文字斜切变形，按 Enter 键确定操作，效果如图 12-255 所示。

图 12-252

图 12-253

图 12-254

图 12-255

（3）单击"图层"控制面板下方的"添加图层样式"按钮 fx，在弹出的菜单中选择"投影"

命令，在弹出的对话框中进行设置，如图 12-256 所示。选择"斜面和浮雕"选项，切换到相应的对话框，选项的设置如图 12-257 所示，单击"确定"按钮，效果如图 12-258 所示。

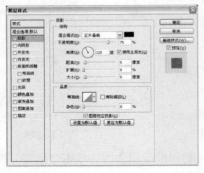

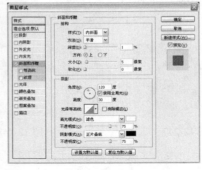

图 12-256 　　　　　　　　　　　　　图 12-257 　　　　　　　　　　　　　图 12-258

（4）单击"图层"控制面板下方的"添加图层样式"按钮 _fx._，在弹出的菜单中选择"渐变叠加"命令，弹出对话框，单击"点按可编辑渐变"按钮，弹出"渐变编辑器"对话框，将渐变色设为从白色到黄色（其 R、G、B 的值分别为 255、243、73），如图 12-259 所示，单击"确定"按钮。返回"渐变叠加"对话框，选项的设置如图 12-260 所示，单击"确定"按钮，效果如图 12-261 所示。

图 12-259 　　　　　　　　　　　　　图 12-260 　　　　　　　　　　　　　图 12-261

（5）新建图层并将其命名为"形状 1"。按 D 键，将工具箱中的前景色和背景色恢复为默认的黑白两色。选择"钢笔"工具 _⟋_，单击属性栏中的"路径"按钮 _⬚_，在图像窗口中拖曳鼠标绘制路径，如图 12-262 所示。按 Ctrl+Enter 组合键，将路径转换为选区。按 Alt+Delete 组合键，用前景色填充选区。按 Ctrl+D 组合键，取消选区，效果如图 12-263 所示。

（6）新建图层并将其命名为"形状 2"。选择"钢笔"工具 _⟋_，在图像窗口中绘制路径。按 Ctrl+Enter 组合键，将路径转换为选区。按 Alt+Delete 组合键，用前景色填充选区，取消选区后，效果如图 12-264 所示。

图 12-262 　　　　　　　　　　　图 12-263 　　　　　　　　　　　图 12-264

（7）选择"横排文字"工具 $\boxed{T}$，输入需要的文字并将其选取，在属性栏中选择合适的字体并设置文字大小，效果如图 12-265 所示，在"图层"控制面板中生成新的文字图层。

（8）选择"移动"工具 $\blacktriangleright_+$，按 Ctrl+T 组合键，文字周围出现变换框，按住 Ctrl 键的同时，拖曳变换框右上方的控制手柄，使文字斜切变形，按 Enter 键确定操作，效果如图 12-266 所示。

图 12-265

图 12-266

（9）新建图层并将其命名为"形状 3"。选择"钢笔"工具 $\boxed{\mathscr{\rlap{\diagdown}\diagup}}$，用上述所讲的方法，在文字下方分别绘制不规则路径。按 Ctrl+Enter 组合键，路径转换为选区，用前景色填充选区，取消选区后，效果如图 12-267 所示。

（10）在"图层"控制面板中，按住 Shift 键的同时，选取"形状 1"和"形状 2"图层，按 Ctrl+E 组合键，合并图层，并将其命名为"升"，效果如图 12-268 所示。

图 12-267

图 12-268

（11）单击"图层"控制面板下方的"添加图层样式"按钮 $\boxed{fx.}$，在弹出的菜单中选择"投影"命令，在弹出的对话框中进行设置，如图 12-269 所示。选择"渐变叠加"选项，切换到相应的对话框，单击"点按可编辑渐变"按钮 $\boxed{\blacktriangledown}$，弹出"渐变编辑器"对话框，在"位置"选项中分别输入 0、88 两个位置点，分别设置两个位置点颜色的 RGB 值为：0（244、155、0），88（255、251、197），如图 12-270 所示，单击"确定"按钮。返回到"渐变叠加"对话框，选项的设置如图 12-271 所示，单击"确定"按钮，效果如图 12-272 所示。

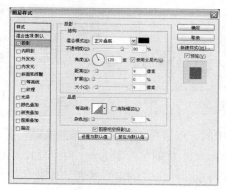

图 12-269

图 12-270

图 12-271 图 12-272

（12）在"图层"控制面板中，按住 Shift 键的同时，选择"级行动"和"形状 3"图层，按
Ctrl+E 组合键，合并图层并将其命名为"文字"，如图 12-273 所示。选择"移动"工具，在"升"
图层上单击鼠标右键，在弹出的菜单中选择"拷贝图层样式"命令，在"文字"图层上单击鼠标
右键，在弹出的菜单中选择"粘贴图层样式"命令，效果如图 12-274 所示。

（13）在"图层"控制面板中，按住 Shift 键，同时选择"文字"、"升"、"口腔健康"图层，
如图 12-275 所示，按 Ctrl+Alt+E 组合键，将选中图层中的图像复制并合并到一个新的图层中，在
控制面板中生成新的图层"文字（合并）"，如图 12-276 所示。

图 12-273 图 12-274 图 12-275 图 12-276

（14）在"图层"控制面板中，将"文字（合并）"图层拖曳到"升"图层的下方。按住 Ctrl
键的同时，单击"文字（合并）"图层的图层缩览图，文字周围生成选区，如图 12-277 所示。选
择菜单"选择 > 修改 > 扩展"命令，弹出"扩展选区"对话框，进行设置，如图 12-278 所示，
单击"确定"按钮，效果如图 12-279 所示。

图 12-277 图 12-278 图 12-279

（15）选择"渐变"工具，单击属性栏中的"点按可编辑渐变"按钮，弹出"渐变
编辑器"对话框，将渐变色设为从浅蓝色（其 R、G、B 的值分别为 0、110、227）到蓝色（其 R、
G、B 的值分别为 0、69、130），如图 12-280 所示，单击"确定"按钮。在选区中从左至右拖曳
渐变色，按 Ctrl+D 组合键，取消选区，效果如图 12-281 所示。

图 12-280 图 12-281

（16）单击"图层"控制面板下方的"添加图层样式"按钮 fx.，在弹出的菜单中选择"外发光"命令，弹出对话框，将发光颜色设为白色，其他选项的设置如图 12-282 所示，单击"确定"按钮，效果如图 12-283 所示。

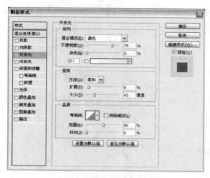

图 12-282 图 12-283

（17）选择"横排文字"工具 T，分别输入需要的文字，在属性栏中选择合适的字体并设置文字大小，在"图层"控制面板中分别生成新的文字图层。选择"移动"工具 ，分别选取文字图层。按 Ctrl+T 组合键，文字周围出现变换框，按住 Ctrl 键的同时，拖曳变换框右上方的控制手柄，使文字斜切变形，按 Enter 键确定操作，效果如图 12-284 所示。

（18）选择"横排文字"工具 T，分别选取文字，填充文字为白色。再次选取"大功能……"文字，在"字符"面板中，将"设置所选字符的字距调整"选项 设为 100，文字效果如图 12-285 所示。

图 12-284 图 12-285

（19）单击"图层"控制面板下方的"添加图层样式"按钮 fx.，在弹出的菜单中选择"描边"命令，弹出对话框，将"描边颜色"设为蓝色（其 R、G、B 值分别为 0、64、121），其他选项的设置如图 12-286 所示，单击"确定"按钮，效果如图 12-287 所示。

图 12-286　　　　　　　　　　　　图 12-287

（20）在"大功能……"文字图层上单击鼠标右键，在弹出的菜单中选择"拷贝图层样式"命令，分别在"6"、"3"文字图层上单击鼠标右键，在弹出的菜单中选择"粘贴图层样式"命令，效果如图 12-288 所示。

（21）按 Ctrl+O 组合键，打开光盘中的"Ch12 > 素材 > 牙膏广告 > 03、04、05"文件，选择"移动"工具 ，分别将 03、04、05 图片拖曳到图像窗口的适当位置，如图 12-289 所示，在"图层"控制面板中生成新图层并分别命名为"装饰图像"、"牙膏"、"图形"。牙膏广告制作完成。

图 12-288　　　　　　　　　　　　图 12-289

课堂练习1——房地产广告

【练习知识要点】使用图层蒙版和画笔工具擦除不需要的建筑图像。使用外发光命令为建筑添加外发光效果。使用动感模糊滤镜命令制作楼房的模糊效果。使用横排文字工具和投影命令添加宣传性文字。房地产广告效果如图 12-290 所示。

【效果所在位置】光盘/Ch12/效果/房地产广告.psd。

图 12-290

课堂练习 2——笔记本电脑广告

【练习知识要点】使用描边命令和钢笔工具编辑图片。使用剪贴蒙版命令将人物图片剪贴到主体对象中。使用椭圆工具和羽化选区命令绘制装饰图形。笔记本电脑广告效果如图 12-291 所示。

【效果所在位置】光盘/Ch12/效果/笔记本电脑广告.psd。

图 12-291

课后习题 1——化妆品广告

【习题知识要点】使用添加图层蒙版命令和渐变工具制作图片的渐隐效果。使用混合模式命令改变图片的颜色。使用画笔工具擦除不需要的图像。化妆品广告效果如图 12-292 所示。

【效果所在位置】光盘/Ch12/效果/化妆品广告.psd。

图 12-292

课后习题 2——汽车广告

【习题知识要点】使用直线工具绘制装饰图形。使用动感模糊命令制作模糊效果。使用色相/饱和度命令改变图片的颜色。使用画笔工具绘制装饰图形。汽车广告效果如图 12-293 所示。

【效果所在位置】光盘/Ch12/效果/汽车广告.psd。

图 12-293

12.7 儿童教育书籍设计

12.7.1 案例分析

孩子是家庭的希望，更是国家的未来。孩子的教育和成长是一个需要得到广泛关注和重视的话题。本书是一本中国孩子成长日记的征文选，内容是和大家分享如何用爱来教育茁壮成长中的孩子。在封面设计上希望能表现出孩子不断健康成长和活泼欢快的气氛。

在设计思路上，通过书籍名称的变形设计表现出孩子活泼可爱的特点。楼房、灯光、蝴蝶、蒲公英和人物图片的组合搭配，富于变化，给人明亮柔和的感觉，表现出儿童的成长历程和精彩生活。封面整体颜色使用暖色橘黄色，给人以欢乐、活泼、幸福、充满希望之感。

本例将使用矩形选框工具和渐变工具绘制背景,使用画笔工具和投影命令制作背景装饰图形,使用文字工具、自定形状工具和钢笔工具添加标题文字,使用画笔工具绘制虚线,使用直线工具绘制文字的间隔直线。

12.7.2 案例设计

本案例设计流程如图 12-294 所示。

图 12-294

12.7.3 案例制作

1. 制作背景效果

（1）按 Ctrl+N 组合键，新建一个文件：宽度为 45.6 厘米，高度为 30.3 厘米，分辨率为 300 像素/英寸，颜色模式为 RGB，背景内容为白色，单击"确定"按钮。

（2）选择菜单"视图 > 新建参考线"命令，在弹出的对话框中进行设置，如图 12-295 所示，单击"确定"按钮，效果如图 12-296 所示。用相同的方法在 21 厘米、24 厘米、45.3 厘米处新建参考线，效果如图 12-297 所示。

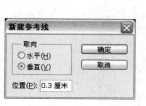

图 12-295　　　　　　　　图 12-296　　　　　　　　图 12-297

（3）选择菜单"视图 > 新建参考线"命令，在弹出的对话框中进行设置，如图 12-298 所示，单击"确定"按钮，效果如图 12-299 所示。用相同的方法在 30 厘米处新建参考线，效果如图 12-300 所示。

图 12-298　　　　　　　　图 12-299　　　　　　　　图 12-300

（4）新建图层并将其命名为"渐变矩形"。选择"矩形选框"工具，在图像窗口中拖曳鼠标绘制矩形选区，如图 12-301 所示。

（5）选择"渐变"工具，单击属性栏中的"点按可编辑渐变"按钮，弹出"渐变编辑器"对话框，将渐变色设为从橘黄色（其 R、G、B 的值分别为 242、188、26）到黄色（其 R、G、B 的值分别为 244、225、38），如图 12-302 所示，单击"确定"按钮。单击属性栏中的"线性渐变"按钮，按住 Shift 键的同时，在选区中从上至下拖曳渐变色，效果如图 12-303 所示。按 Ctrl+D 组合键，取消选区。

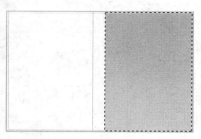

图 12-301　　　　　　　　图 12-302　　　　　　　　图 12-303

（6）将"渐变矩形"图层拖曳到控制面板下方的"创建新图层"按钮上进行复制，生成新的图层"渐变矩形 副本"，如图 12-304 所示。选择"移动"工具，将复制的图形拖曳到适当的位置，如图 12-305 所示。

图 12-304   图 12-305

2．制作封面效果

（1）单击"图层"控制面板下方的"创建新组"按钮 ▢ ，生成新的图层组并将其命名为"封面"。选中"渐变矩形"图层，将其拖曳到"封面"图层组中。按 Ctrl+O 组合键，打开光盘中的"Ch12 > 素材 > 儿童教育书籍设计 > 01"文件，选择"移动"工具 ▸╋ ，将花纹拖曳到图像窗口的右上方，效果如图 12-306 所示，在"图层"控制面板中生成新的图层并将其命名为"花纹"，如图 12-307 所示。

图 12-306   图 12-307

（2）新建图层并将其命名为"画笔"。将前景色设为白色。选择"画笔"工具 ✎ ，单击属性栏中的"切换画笔面板"按钮 ▣ ，弹出"画笔"控制面板，在面板中进行设置，如图 12-308 所示。选择"形状动态"选项，切换到相应的面板，进行设置，如图 12-309 所示。

（3）选择"散布"选项，切换到相应的面板，进行设置，如图 12-310 所示。在图像窗口中拖曳鼠标绘制图形，效果如图 12-311 所示。

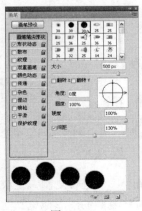

图 12-308   图 12-309   图 12-310   图 12-311

（4）单击"图层"控制面板下方的"添加图层样式"按钮 *fx.*，在弹出的菜单中选择"投影"命令，弹出对话框，将投影颜色设为橘黄色（其 R、G、B 的值分别为 242、145、24），其他选项的设置如图 12-312 所示，单击"确定"按钮，效果如图 12-313 所示。

（5）新建图层并将其命名为"画笔 1"。用上述所讲的方法调整画笔，在图像窗口中绘制图形，如图 12-314 所示。在"图层"控制面板的上方，将"画笔 1"图层的"不透明度"选项设为 31%，效果如图 12-315 所示。

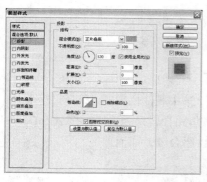

| 图 12-312 | 图 12-313 | 图 12-314 | 图 12-315 |

（6）将前景色设为红色（其 R、G、B 的值分别为 200、41、44）。选择"横排文字"工具 **T**，在属性栏中选择合适的字体并设置文字大小，输入需要的文字，如图 12-316 所示，在"图层"控制面板中生成新的文字图层。在"成长日记"图层上单击鼠标右键，在弹出的菜单中选择"栅格化文字"命令，将"成长日记"文字图层转换为图像图层，如图 12-317 所示。

（7）选择"多边形套索"工具 ，在"成"文字上拖曳鼠标绘制选区，按 Delete 键，将选区中的图像删除，按 Ctrl+D 组合键，取消选区，效果如图 12-318 所示。用相同的方法再绘制一个选区，并将选区中的图像删除，如图 12-319 所示，取消选区。

| 图 12-316 | 图 12-317 | 图 12-318 | 图 12-319 |

（8）新建图层并将其命名为"心形"。选择"自定形状"工具 ，单击属性栏中"形状"选项右侧的按钮 ，弹出"形状"面板，在"形状"面板中选中图形"红心形卡"，如图 12-320 所示。选中"填充像素"按钮 ，拖曳鼠标绘制心形，并旋转适当的角度，效果如图 12-321 所示。

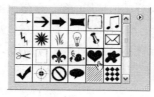

| 图 12-320 | 图 12-321 |

（9）新建图层并将其命名为"火形"。选择"自定形状"工具 ，单击属性栏中"形状"选项右侧的按钮 ，弹出"形状"面板，单击面板右上方的按钮 ，在弹出的菜单中选择"自然"选项，弹出提示对话框，单击"追加"按钮。在"形状"面板中选中"火焰"图形，如图 12-322 所示。按住 Shift 键的同时，拖曳鼠标绘制图形，效果如图 12-323 所示。

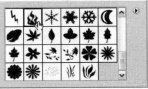

图 12-322   图 12-323

（10）新建图层并将其命名为"图形"。选择"钢笔"工具 ，选中属性栏中的"路径"按钮 ，拖曳鼠标绘制路径，如图 12-324 所示。按 Ctrl+Enter 组合键，将路径转换为选区。按 Alt+Delete 组合键，用前景色填充选区，效果如图 12-325 所示。按 Ctrl+D 组合键，取消选区。

图 12-324   图 12-325

（11）在"图层"控制面板中，按住 Shift 键的同时，选中需要的多个图层，如图 12-326 所示。按 Ctrl+E 组合键，合并图层并将其命名为"成长日记"。按住 Ctrl 键的同时，单击"成长日记"图层的缩览图，载入选区。

（12）新建图层并命名为"文字边缘"，将其拖曳到"成长日记"图层的下方。选择菜单"选择 > 修改 > 扩展"命令，弹出"扩展选区"对话框，进行设置，如图 12-327 所示，单击"确定"按钮，用白色填充选区，效果如图 12-328 所示。按 Ctrl+D 组合键，取消选区。

图 12-326   图 12-327   图 12-328

（13）单击"图层"控制面板下方的"添加图层样式"按钮 ，在弹出的菜单中选择"投影"命令，弹出对话框，将投影颜色设为深灰色（其 R、G、B 的值分别为 35、24、21），其他选项的设置如图 12-329 所示。选择"描边"选项，切换到相应的对话框，将描边颜色设为紫色（其 R、G、B 的值分别为 90、12、16），其他选项的设置如图 12-330 所示，单击"确定"按钮，效果如图 12-331 所示。

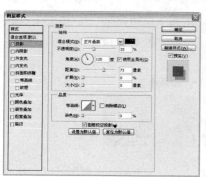
图 12-329

图 12-330

图 12-331

（14）用相同的方法制作其他文字，并填充不同的颜色，效果如图 12-332 所示。新建图层并将其命名为"形状"。选择"钢笔"工具，单击属性栏中的"路径"按钮，在图像窗口中拖曳鼠标绘制路径。按 Ctrl+Enter 组合键，将路径转换为选区，用白色填充选区，效果如图 12-333 所示。按 Ctrl+D 组合键，取消选区。

（15）在"文字边缘 2"图层上单击鼠标右键，在弹出的菜单中选择"拷贝图层样式"命令；在"形状"图层上单击鼠标右键，在弹出的菜单中选择"粘贴图层样式"命令，效果如图 12-334 所示。

图 12-332

图 12-333

图 12-334

（16）新建图层并将其命名为"圆形"。将前景色设为白色。选择"椭圆"工具，单击属性栏中的"填充像素"按钮，在图像窗口中绘制多个圆形，如图 12-335 所示。

（17）在"图层"控制面板中，按住 Ctrl 键的同时，单击"圆形"图层的缩览图，圆形周围生成选区。选择"画笔"工具，单击属性栏中的"切换画笔面板"按钮，弹出"画笔"面板，在面板中进行设置，如图 12-336 所示。单击"路径"控制面板下方的"从选区生成工作路径"按钮，将选区转换为路径，如图 12-337 所示。

图 12-335

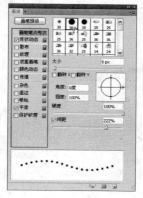
图 12-336

图 12-337

（18）将前景色设为黑色。单击"路径"控制面板下方的"用画笔描边路径"按钮 ⚪，如图 12-338 所示，描边路径。在面板空白处单击鼠标，隐藏路径，效果如图 12-339 所示。

图 12-338

图 12-339

（19）新建图层并将其命名为"直线"。选择"直线"工具 ✐，单击属性栏中的"填充像素"按钮 ▫，将"粗细"选项设为 5 px，按住 Shift 键的同时，在图像窗口中拖曳鼠标绘制多条直线，效果如图 12-340 所示。

（20）选择"横排文字"工具 T，在属性栏中选择合适的字体并设置文字大小，输入需要的文字，在"图层"控制面板中生成新的文字图层，如图 12-341 所示。将输入的文字选取，按 Ctrl+向右方向组合键，调整文字间距，效果如图 12-342 所示。

图 12-340

图 12-341

图 12-342

（21）按 Ctrl+O 组合键，打开光盘中的"Ch12 > 素材 > 儿童教育书籍设计 > 02"文件，选择"移动"工具 ►╈，将图片拖曳到图像窗口的适当位置，效果如图 12-343 所示，在"图层"控制面板中生成新的图层并将其命名为"装饰"，如图 12-344 所示。

（22）新建图层并将其命名为"符号"。选择"自定形状"工具 ✿，单击属性栏中的"形状"选项右侧的按钮 ˅，弹出"形状"面板，单击面板右上方的按钮 ▶，在弹出的菜单中选择"符号"选项，弹出提示对话框，单击"追加"按钮。在"形状"面板中选中图形"靶心"，如图 12-345 所示。选中属性栏中的"填充像素"按钮 ▫，拖曳鼠标绘制图形，效果如图 12-346 所示。

图 12-343

图 12-344

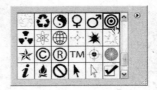

图 12-345

图 12-346

（23）选择"横排文字"工具 T，在属性栏中分别选择合适的字体并设置文字大小，输入需要的黑色文字和白色文字，在"图层"控制面板中分别生成新的文字图层，如图 12-347 所示。选取白色文字，适当调整文字的间距，效果如图 12-348 所示。单击"封面"图层组左侧的三角形按钮 ▽，将其隐藏。

图 12-347　　　　　　　　　　图 12-348

3．制作封底效果

（1）单击"图层"控制面板下方的"创建新组"按钮 ▭，生成新的图层组并将其命名为"封底"。选中"渐变矩形 副本"图层，将其拖曳到"封底"图层组中，如图 12-349 所示。

（2）按 Ctrl+O 组合键，打开光盘中的"Ch12 > 素材 > 儿童教育书籍设计 > 03"文件，选择"移动"工具 ▸♦，将人物图片拖曳到图像窗口的右下方，效果如图 12-350 所示，在"图层"控制面板中生成新的图层并将其命名为"图片"。在"图层"控制面板上方，将"图片"图层的混合模式选项设为"颜色加深"，效果如图 12-351 所示。

图 12-349　　　　　　　　图 12-350　　　　　　　　图 12-351

（3）按 Ctrl+O 组合键，打开光盘中的"Ch12 > 素材 > 儿童教育书籍设计 > 01"文件，选择"移动"工具 ▸♦，将图片拖曳到图像窗口中，并调整其位置及角度，效果如图 12-352 所示，在"图层"控制面板中生成新的图层并将其命名为"花纹 2"。

（4）选择"横排文字"工具 T，输入需要的文字，分别选取文字并在属性栏中选择合适的字体和文字大小，适当调整文字的间距和行距，填充文字为褐色（其 R、G、B 的值分别为 141、46、34）、红色（其 R、G、B 的值分别为 207、44、46）和黑色，如图 12-353 所示，在"图层"控制面板中生成新的文字图层，如图 12-354 所示。

图 12-352   图 12-353   图 12-354

（5）选中"成长日记"图层，单击"图层"控制面板下方的"添加图层样式"按钮 ，在弹出的菜单中选择"投影"命令，在弹出的对话框中进行设置，如图 12-355 所示。选择"描边"选项，切换到相应的对话框，将描边颜色设为白色，其他选项的设置如图 12-356 所示，单击"确定"按钮，效果如图 12-357 所示。

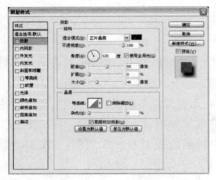

图 12-355   图 12-356   图 12-357

（6）选中"定价：35.00 元"图层。新建图层将其命名为"虚线"，将前景色设为白色。选择"画笔"工具，单击属性栏中"画笔"选项右侧的按钮，弹出"画笔"面板，单击面板右上方的按钮，在弹出的菜单中选择"方头画笔"选项，弹出提示对话框，单击"追加"按钮。单击属性栏中的"切换画笔面板"按钮，弹出"画笔"面板，在面板中进行设置，如图 12-358 所示。按住 Shift 键的同时，在图像窗口中拖曳鼠标绘制虚线图形，效果如图 12-359 所示。

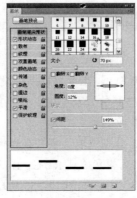

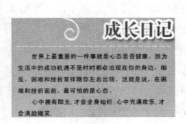

图 12-358   图 12-359

（7）将"虚线"图层拖曳到控制面板下方的"创建新图层"按钮 ⬚ 上进行复制，生成新图层"虚线 副本"。选择"移动"工具 ⊕，将虚线垂直向下拖曳到适当的位置，如图 12-360 所示。

（8）新建图层并将其命名为"直线"。选择"直线"工具 ⁄，单击属性栏中的"填充像素"按钮 ▭，将"粗细"选项设为 5px，按住 Shift 键的同时，在图像窗口中拖曳鼠标绘制直线，效果如图 12-361 所示。

图 12-360

图 12-361

（9）按 Ctrl+O 组合键，打开光盘中的"Ch12 > 素材 > 儿童教育书籍设计 > 04"文件，选择"移动"工具 ⊕，将图片拖曳到图像窗口的适当位置，效果如图 12-362 所示，在"图层"控制面板中生成新的图层并将其命名为"条形码"，如图 12-363 所示。单击"封底"图层组左侧的三角形按钮 ▽，将其隐藏。

图 12-362

图 12-363

4．制作书脊效果

（1）单击"图层"控制面板下方的"创建新组"按钮 ⬚，生成新的图层组并将其命名为"书脊"。选择"直排文字"工具 T，输入需要的文字，分别选取文字并在属性栏中选择合适的字体和文字大小，调整文字间距，填充文字颜色，如图 12-364 所示，在"图层"控制面板中分别生成新的文字图层，如图 12-365 所示。用上述所讲的方法制作出如图 12-366 所示的效果。

图 12-364

图 12-365

图 12-366

（2）新建图层并将其命名为"符号1"。将前景色设为黑色。选择"自定形状"工具 ，单击属性栏中"形状"选项右侧的按钮 ，弹出"形状"面板，在"形状"面板中选中图形"靶心"，如图 12-367 所示。拖曳鼠标绘制图形，效果如图 12-368 所示。按 Ctrl+；组合键，隐藏参考线。儿童教育书籍设计效果制作完成，如图 12-369 所示。

图 12-367　　　　　　　图 12-368　　　　　　　　图 12-369

课堂练习1——化妆美容书籍设计

【练习知识要点】使用新建参考线命令制作参考线。使用椭圆工具、内阴影命令和创建剪贴蒙版命令制作封面相框图形。使用将选区转化为路径命令和画笔工具为相框添加描边。使用钢笔工具和自定形状工具绘制装饰图形。使用横排文字工具和描边命令添加封底文字。化妆美容书籍设计效果如图 12-370 所示。

【效果所在位置】光盘/Ch12/效果/化妆美容书籍设计.psd。

图 12-370

课堂练习2——作文辅导书籍设计

【练习知识要点】使用渐变工具、添加杂色滤镜命令和钢笔工具制作背景底图。使用文字工具、椭圆工具和描边命令制作标志图形。使用文字工具、扩展命令和图层样式命令制作书名。使用圆角矩形工具和渐变工具制作封底标题。作文辅导书籍设计效果如图 12-371 所示。

【效果所在位置】光盘/Ch12/效果/作文辅导书籍设计.psd。

图 12-371

课后习题 1——现代散文集书籍设计

【习题知识要点】使用混合模式命令制作图片的融合，使用文字工具和图层样式命令添加需要的文字，使用添加蒙版命令和画笔工具制作封底图片的融合，使用喷色描边命令制作图章。现代散文集书籍设计效果如图 12-372 所示。

【效果所在位置】光盘/Ch12/效果/现代散文集书籍设计.psd。

图 12-372

课后习题 2——青春年华书籍设计

【习题知识要点】使用圆角矩形工具和创建剪贴蒙版命令制作封面背景图。使用自定形状工具绘制装饰图形。使用文字工具和添加图层样式命令制作书名。使用混合模式命令制作图片的叠加。青春年华书籍设计效果如图 12-373 所示。

【效果所在位置】光盘/Ch12/效果/青春年华书籍设计.psd。

图 12-373

12.8 果汁饮料包装

12.8.1 案例分析

果汁是以水果为原料经过物理方法如压榨、离心、萃取等得到的汁液产品，一般是指纯果汁或 100%果汁。本例是为饮料公司设计的草莓鲜果汁包装，主要针对的消费者是关注健康、注意营养膳食结构的人群。在包装设计上要体现出果汁来源于新鲜水果的概念。

在设计思路上，通过天蓝色的背景、冰块和汽泡展示出水果新鲜、清爽的感觉。使用草莓图片和文字展示产品的口味和特色。通过易拉罐展示出包装的材质，用明暗变化使包装更具真实感。整体设计简单大方，颜色清爽明快，易使人产生购买欲望。

本例将使用椭圆选框工具和渐变工具制作半透明圆形。使用多边形工具绘制装饰星形。使用光照效果命令制作背景光照效果。使用切变命令使包装变形。使用矩形选框工具、羽化命令和曲线命令制作包装的明暗变化。

12.8.2 案例设计

本案例设计流程如图 12-374 所示。

图 12-374

12.8.3 案例制作

1. 添加并编辑图片

（1）按 Ctrl+O 组合键，打开光盘中的"Ch12 > 素材 > 果汁饮料包装 > 01"文件，效果如图 12-375 所示。新建图层并将其命名为"透明圆形"。选择"椭圆选框"工具 ◯，按住 Shift 键的同时，在图像窗口中绘制一个圆形选区。

（2）选择"渐变"工具 ▨，单击属性栏中的"点按可编辑渐变"按钮 ▬▬▬，弹出"渐变编辑器"对话框，将渐变色设为从蓝色（其 R、G、B 的值分别为 0、57、122）到浅蓝色（其 R、G、B 的值分别为 0、124、220），在渐变色带上方选中右侧的不透明度色标，将"不透明度"选项设为 0%，如图 12-376 所示，单击"确定"按钮。按住 Shift 键的同时，在选区中从上至下拖曳渐变色，如图 12-377 所示。按 Ctrl+D 组合键，取消选区。

图 12-375　　　　　　　　图 12-376　　　　　　　　图 12-377

（3）按 Ctrl+O 组合键，打开光盘中的"Ch12 > 素材 > 果汁饮料包装 > 02"文件，选择"移动"工具 ，拖曳草莓图片到图像窗口中，效果如图 12-378 所示，在"图层"控制面板中生成新的图层并将其命名为"草莓"，如图 12-379 所示。

图 12-378　　　　　　　　　图 12-379

（4）按 Ctrl+O 组合键，打开光盘中的"Ch12 > 素材 > 果汁饮料包装 > 03"文件，选择"移动"工具 ，拖曳冰块图片到图像窗口的下方，效果如图 12-380 所示，在"图层"控制面板中生成新的图层并将其命名为"冰块"。在"图层"控制面板的上方，将"冰块"图层的"不透明度"选项设为 40%，如图 12-381 所示，图像效果如图 12-382 所示。

（5）将"冰块"图层拖曳到控制面板下方的"创建新图层"按钮 上进行复制，生成新的图层"冰块 副本"，并将该图层的"不透明度"选项设为 80%，图像效果如图 12-383 所示。

图 12-380　　　　　　图 12-381　　　　　　图 12-382　　　　　　图 12-383

（6）单击"图层"控制面板下方的"添加图层样式"按钮 ，在弹出的菜单中选择"外发光"命令，弹出对话框，将发光颜色设置为蓝色（其 R、G、B 值分别为 49、99、165），其他选项的设置如图 12-384 所示，单击"确定"按钮，效果如图 12-385 所示。

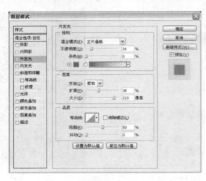

图 12-384　　　　　　　　　　　图 12-385

2．绘制装饰星星并添加文字

（1）新建图层并将其命名为"星星"。将前景色设为白色。选择"多边形"工具 ，单击属性栏中的"填充像素"按钮 ，单击属性栏中多边形选项右侧的按钮 ，在弹出的面板中进行设置，如图 12-386 所示。

（2）在属性栏中将"边"选项设为 5，在图像窗口中绘制多个星星，如图 12-387 所示。在"图层"控制面板上方，将"星星"图层的"不透明度"选项设为 40%，如图 12-388 所示，图像效果如图 12-389 所示。

图 12-386　　　　　图 12-387　　　　　图 12-388　　　　　图 12-389

（3）选择"直排文字"工具 ，在属性栏中选择合适的字体并设置文字大小，输入需要的白色文字，如图 12-390 所示，在"图层"控制面板中生成新的文字图层。

（4）单击"图层"控制面板下方的"添加图层样式"按钮 ，在弹出的菜单中选择"投影"命令，在弹出的对话框中进行设置，如图 12-391 所示，单击"确定"按钮，效果如图 12-392 所示。

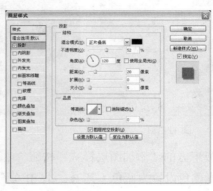

图 12-390　　　　　　　　　　　图 12-391　　　　　　　　　　　图 12-392

（5）按 Ctrl+O 组合键，打开光盘中的"Ch12 > 素材 > 果汁饮料包装 > 04"文件，选择"移动"工具 ，拖曳文字到草莓图像的右下方，效果如图 12-393 所示，在"图层"控制面板中生成新的图层并将其命名为"文字"，如图 12-394 所示。

（6）将前景色设为黑色。选择"横排文字"工具 ，在属性栏中选择合适的字体并设置文字大小，输入需要的文字，如图 12-395 所示，在"图层"控制面板中生成新的文字图层。

（7）按 Shift+Ctrl+E 组合键，将所有的图层合并，饮料包装平面图制作完成，效果如图 12-396 所示。按 Ctrl+S 组合键，弹出"存储为"对话框，将其命名为"饮料包装平面图"，保存图像为 JPG 格式，单击"保存"按钮，将图像保存。

图 12-393

图 12-394

图 12-395

图 12-396

3．制作背景并添加素材

（1）按 Ctrl+N 组合键，新建一个文件：宽度为 15 厘米，高度为 15 厘米，分辨率为 300 像素/英寸，颜色模式为 RGB，背景内容为白色，单击"确定"按钮。将前景色设为蓝色（其 R、G、B 的值分别为 9、130、188），按 Alt+Delete 组合键，用前景色填充"背景"图层。

（2）选择菜单"滤镜 > 渲染 > 光照效果"命令，弹出"光照效果"对话框，在对话框的左侧设置光源的方向为右上方，其他选项的设置如图 12-397 所示，单击"确定"按钮，图像效果如图 12-398 所示。

（3）按 Ctrl+O 组合键，打开光盘中的"Ch12 > 素材 > 果汁饮料包装 > 05"文件，选择"移动"工具 ，拖曳易拉罐图片到图像窗口中，效果如图 12-399 所示，在"图层"控制面板中生成新的图层并将其命名为"易拉罐"。

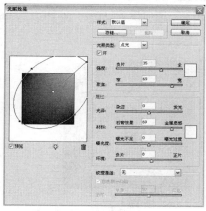
图 12-397

图 12-398

图 12-399

279

（4）按 Ctrl+O 组合键，打开光盘中的"Ch12 > 效果 > 果汁饮料包装平面图.jpg"文件，选择"移动"工具 ，拖曳图片到图像窗口中，如图 12-400 所示，在"图层"控制面板中生成新的图层并将其命名为"图片"，如图 12-401 所示。

图 12-400   图 12-401

4. 结合包装与易拉罐

（1）按 Ctrl+T 组合键，在图像周围出现变换框，在变换框中单击鼠标右键，在弹出的菜单中选择"旋转 90 度（顺时针）"命令，将图像旋转，按 Enter 键确定操作，效果如图 12-402 所示。选择菜单"滤镜 > 扭曲 > 切变"命令，在弹出的对话框中设置曲线的弧度，如图 12-403 所示，单击"确定"按钮，效果如图 12-404 所示。

图 12-402   图 12-403   图 12-404

（2）按 Ctrl+T 组合键，在图像周围出现变换框，在变换框中单击鼠标右键，在弹出的菜单中选择"旋转 90 度（逆时针）"命令，将图像逆时针旋转，按 Enter 键确定操作，效果如图 12-405 所示。在"图层"控制面板上方，将"图片"图层的"不透明度"选项设为 50%，如图 12-406 所示，图像效果如图 12-407 所示。

图 12-405   图 12-406   图 12-407

（3）按 Ctrl+T 组合键，在图片周围出现控制手柄，拖曳鼠标调整图片的大小及位置，按 Enter

键确定操作，效果如图 12-408 所示。选择"钢笔"工具 ✐，单击属性栏中的"路径"按钮 ▨，在图像窗口中沿着易拉罐的轮廓绘制路径，如图 12-409 所示。

（4）按 Ctrl+Enter 组合键，将路径转换为选区，按 Shift+Ctrl+I 组合键，将选区反选，如图 12-410 所示。按 Delete 键，将选区中的图像删除，按 Ctrl+D 组合键，取消选区，效果如图 12-411 所示。在"图层"控制面板上方，将"图片"图层的"不透明度"选项设为 100%，图像效果如图 12-412 所示。

图 12-408　　　　图 12-409　　　　　图 12-410　　　　图 12-411　　　　图 12-412

（5）选择"矩形选框"工具 ▢，在易拉罐上绘制一个矩形选区，如图 12-413 所示。按 Shift+F6 组合键，在弹出的"羽化选区"对话框中进行设置，如图 12-414 所示，单击"确定"按钮，效果如图 12-415 所示。

图 12-413　　　　　　　　图 12-414　　　　　　　图 12-415

（6）按 Ctrl+M 组合键，在弹出的"曲线"对话框中进行设置，如图 12-416 所示，单击"确定"按钮，效果如图 12-417 所示。按 Ctrl+D 组合键，取消选区。用相同的方法制作出如图 12-418 所示的效果。

（7）按 Ctrl+O 组合键，打开光盘中的"Ch12 > 素材 > 果汁饮料包装 > 06"文件，选择"移动"工具 ▶⊕，将图像拖曳到图像窗口的适当位置，效果如图 12-419 所示，在"图层"控制面板中生成新的图层并将其命名为"高光"。

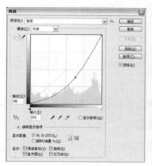

图 12-416　　　　　　图 12-417　　　　　　图 12-418　　　　　图 12-419

（8）按住 Shift 键的同时，单击"易拉罐"图层，将"高光"图层和"易拉罐"图层之间的所有图层同时选取，按 Ctrl+E 组合键，合并图层并将其命名为"效果"，如图 12-420 所示。将"效果"图层拖曳到控制面板下方的"创建新图层"按钮 上进行复制，在"图层"控制面板中生成新的图层"效果 副本"，如图 12-421 所示。

（9）按 Ctrl+T 组合键，在图片周围出现变换框，在变换框中单击鼠标右键，在弹出的菜单中选择"垂直翻转"命令，将图像垂直旋转，按 Enter 键确定操作，效果如图 12-422 所示。选择"移动"工具 ，向下拖曳复制出的图像到适当的位置，效果如图 12-423 所示。

图 12-420   图 12-421   图 12-422   图 12-423

（10）将"效果 副本"图层拖曳到"效果"图层的下方。单击"图层"控制面板下方的"添加图层蒙版"按钮 ，为"效果 副本"图层添加蒙版，如图 12-424 所示。选择"渐变"工具 ，单击属性栏中的"点按可编辑渐变"按钮 ，弹出"渐变编辑器"对话框，将渐变色设为从黑色到白色，如图 12-425 所示，单击"确定"按钮。按住 Shift 键的同时，在复制出的图像上从下向上拖曳渐变色，效果如图 12-426 所示。饮料包装效果制作完成。

图 12-424   图 12-425   图 12-426

5．制作饮料包装展示效果

（1）按 Ctrl+O 组合键，打开光盘中的"Ch12 > 素材 > 果汁饮料包装 > 07"文件，效果如图 12-427 所示。

（2）按 Ctrl+O 组合键，打开光盘中的"Ch12 > 效果 >果汁饮料包装.psd"文件，如图 12-428 所示。选择"移动"工具 ，按住 Shift 键的同时，单击"效果"图层与"效果 副本"图层，将其同时选取。在图像窗口中选取图形，并将其拖曳到 07 素材的图像窗口中，并调整其大小和位置，效果如图 12-429 所示。

图 12-427	图 12-428	图 12-429

（3）将"效果"图层与"效果 副本"图层拖曳到控制面板下方的"创建新图层"按钮 ⚏ 上进行复制，生成新的副本图层。选择"移动"工具 ▸⊕，在图像窗口中将复制的图像拖曳到适当的位置，并调整其大小，效果如图 12-430 所示。

（4）按 Ctrl+O 组合键，打开光盘中的"Ch12 > 素材 > 果汁饮料包装 > 08"文件，选择"移动"工具 ▸⊕，拖曳图片到图像窗口的适当位置，效果如图 12-431 所示，在"图层"控制面板中生成新的图层并将其命名为"文字"。果汁饮料包装展示效果制作完成，如图 12-432 所示。

图 12-430	图 12-431	图 12-432

课堂练习 1——舞蹈 CD 包装

【练习知识要点】使用直排文字工具输入介绍性文字。使用渐变工具、描边命令和扩展选区命令制作主体文字。使用剪贴蒙版命令制作光盘封面。使用投影命令为图像添加投影制作包装展示效果。舞蹈 CD 包装效果如图 12-433 所示。

【效果所在位置】光盘/Ch12/效果/舞蹈 CD 包装.psd。

图 12-433

课堂练习 2——方便面包装

【练习知识要点】使用钢笔工具和渐变工具添加亮光。使用横排文字工具和描边命令添加宣传文字。使用矩形工具和高斯模糊命令制作高光。使用创建文字变形命令制作文字变形。使用矩形选框工具和羽化命令制作封口。方便面包装效果如图 12-434 所示。

【效果所在位置】光盘/Ch12/效果/方便面包装.psd。

图 12-434

课后习题 1——洗发水包装

【习题知识要点】使用圆角矩形工具和横排文字工具制作商标。使用羽化命令、通道面板和彩色半调滤镜命令制作点状底图。使用自定形状工具绘制商标符号。使用图层蒙版和渐变工具制作投影效果。洗发水包装效果如图 12-435 所示。

【效果所在位置】光盘/Ch12/效果/洗发水包装.psd。

图 12-435

课后习题 2——茶叶包装

【习题知识要点】使用色相/饱和度命令和色阶命令调整图片的颜色。使用图层样式命令为叶子添加投影效果。使用钢笔工具和喷溅命令制作印章图形。使用椭圆工具和斜面和浮雕命令制作装饰图形。使用自由变换命令制作茶叶包装的立体效果。茶叶包装效果如图 12-436 所示。

【效果所在位置】光盘/Ch12/效果/茶叶包装.psd。

图 12-436

12.9 宠物医院网页

12.9.1 案例分析

本例是为星级宠物医院设计制作的网站首页，星级宠物医院主要服务的客户是被主人饲养的用于玩赏、做伴的动物。在网页的首页设计上希望能表现出公司的服务范围，展现出轻松活泼、爱护动物、保护动物的医院理念。

在设计思路上，通过绿色背景寓意动物和自然的和谐关系，通过添加图案花纹增加网页页面的活泼感。导航栏是使用不同的宠物图片和绕排文字来介绍医院的服务对象和服务范围，直观准确而又灵活多变。标牌设计展示出医院活泼而又不失庄重的工作态度。整体设计简洁明快，布局合理清晰。

本例将使用椭圆工具和投影命令制作导航栏；使用移动工具和椭圆选框工具制作导航栏的投影；使用文字工具和创建文字变形命令制作绕排文字。

12.9.2 案例设计

本案例设计流程如图 12-437 所示。

添加剪贴蒙版效果　　　　制作标牌效果

制作变形文字　　　　添加装饰文字　　　　最终效果

图 12-437

12.9.3 案例制作

1. 制作图片效果

（1）按 Ctrl+N 组合键，新建一个文件：宽度为 29.7 厘米，高度为 21 厘米，分辨率为 300 像素/英寸，颜色模式为 RGB，内容为白色，单击"确定"按钮。将前景色设为绿色（其 R、G、B 的值分别为 71、113、38），按 Alt+Delete 组合键，用前景色填充"背景"图层。

（2）新建图层并将其命名为"图形 1"。将前景色设为土黄色（其 R、G、B 的值分别为 232、186、73）。选择"椭圆"工具，单击属性栏中的"填充像素"按钮，按住 Shift 键的同时，在图像窗口中绘制圆形，效果如图 12-438 所示。

（3）单击"图层"控制面板下方的"添加图层样式"按钮 fx.，在弹出的菜单中选择"投影"命令，在弹出的对话框中进行设置，如图 12-439 所示，单击"确定"按钮，效果如图 12-440 所示。

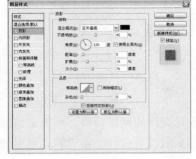

图 12-438   图 12-439   图 12-440

（4）按 Ctrl+O 组合键，打开光盘中的"Ch12 > 素材 > 宠物医院网页 > 01"文件，选择"移动"工具 ，将图片拖曳到图像窗口的适当位置，效果如图 12-441 所示，在"图层"控制面板中生成新的图层并将其命名为"小狗图片 1"。

（5）新建图层并将其命名为"投影 1"。选择"椭圆选框"工具 ，单击属性栏中的"从选区减去"按钮 ，按住 Shift 键的同时，绘制一个圆形选区，如图 12-442 所示。再绘制一个圆形选区，使两个选区相减，如图 12-443 所示。用前景色填充选区，取消选区，效果如图 12-444 所示。

（6）在"图层"控制面板中，将"投影 1"图层拖曳到"图形 1"图层的下方，并将其"不透明度"选项设为 15%，图像效果如图 12-445 所示。

图 12-441   图 12-442   图 12-443   图 12-444   图 12-445

（7）选中"小狗图片 1"图层。新建图层并将其命名为"图形 2"。将前景色设为白色。选择"椭圆"工具 ，单击属性栏中的"填充像素"按钮 ，按住 Shift 键的同时，在图像窗口中绘制圆形，效果如图 12-446 所示。单击"图层"控制面板下方的"添加图层样式"按钮 fx. ，在弹出的菜单中选择"投影"命令，在弹出的对话框中进行设置，如图 12-447 所示，单击"确定"按钮，效果如图 12-448 所示。

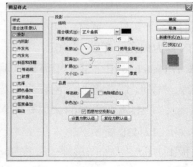

图 12-446   图 12-447   图 12-448

（8）单击"图层"控制面板下方的"添加图层样式"按钮 fx.，在弹出的菜单中选择"描边"命令，弹出对话框，将描边颜色设为土黄色（其 R、G、B 的值分别为 232、187、73），其他选项的设置如图 12-449 所示，单击"确定"按钮，效果如图 12-450 所示。

（9）按 Ctrl+O 组合键，打开光盘中的"Ch12＞素材＞宠物医院网页＞02"文件，选择"移动"工具 ，将图片拖曳到图像窗口的适当位置，效果如图 12-451 所示，在"图层"控制面板中生成新的图层并将其命名为"小狗图片 2"。按 Ctrl+Alt+G 组合键，为"小狗图片 2"图层添加剪贴蒙版，效果如图 12-452 所示。

图 12-449　　　　　　图 12-450　　　　　　图 12-451　　　　　　图 12-452

（10）用制作"投影 1"的方法制作投影 2 的效果，如图 12-453 所示。按住 Shift 键的同时，单击"小狗图片 2"图层，将"小狗图片 2"图层与"投影 2"图层之间的所有图层同时选取，并拖曳到"投影 1"图层的下方，如图 12-454 所示，图像效果如图 12-455 所示。

图 12-453　　　　　　　图 12-454　　　　　　　图 12-455

（11）用相同的方法置入 03、04、05 图片，制作出的效果如图 12-456 所示。在"图层"控制面板中，选中"小狗图片 3"图层，按住 Shift 键的同时，单击"投影 2"图层，将除"背景"图层外的所有图层同时选取，按 Ctrl+G 组合键，将其编组并命名为"图片"，如图 12-457 所示。

图 12-456　　　　　　　图 12-457

2．添加装饰图形与文字

（1）按 Ctrl+O 组合键，打开光盘中的"Ch12 > 素材 > 宠物医院网页 > 06"文件，选择"移动"工具 ，将图片拖曳到图像窗口的适当位置，效果如图 12-458 所示，在"图层"控制面板中生成新的图层并将其命名为"花纹"，拖曳到"背景"图层的上方，效果如图 12-459 所示。

图 12-458　　　　　　　　　　图 12-459

（2）选中"图片"图层组。将前景色设为嫩绿色（其 R、G、B 的值分别为 166、223、169）。选择"横排文字"工具 ，在属性栏中选择合适的字体并设置适当的文字大小，输入需要的文字，如图 12-460 所示。将输入的文字选取，按 Alt+向右方向键，调整文字间距，效果如图 12-461 所示。

（3）保持文字的选取状态。单击属性栏中的"创建文字变形"按钮 ，弹出"变形文字"对话框，选项的设置如图 12-462 所示，单击"确定"按钮，效果如图 12-463 所示。

图 12-460

图 12-461　　　　　　　　　图 12-462　　　　　　　　　图 12-463

（4）选择"移动"工具 ，按 Ctrl+T 组合键，在文字周围出现变换框，将鼠标置于变换框的外边，鼠标光标变为旋转图标 ，拖曳鼠标将其旋转到适当的角度，并调整其位置，按 Enter 键确认操作，效果如图 12-464 所示。用相同的方法制作出其他文字，效果如图 12-465 所示。

图 12-464　　　　　　　　　图 12-465

3. 制作标牌

（1）按 Ctrl+O 组合键，打开光盘中的"Ch12> 素材 > 宠物医院网页 >07"文件，选择"移动"工具 ▸⊹，将图片拖曳到图像窗口的适当位置，效果如图 12-466 所示。在"图层"控制面板中生成新的图层并将其命名为"骨头"，如图 12-467 所示。

（2）按 Ctrl+O 组合键，打开光盘中的"Ch12> 素材 > 宠物医院网页 >08"文件，选择"移动"工具 ▸⊹，将图片拖曳到图像窗口的左上方，效果如图 12-468 所示，在"图层"控制面板中生成新的图层并将其命名为"标牌"。

（3）选择"横排文字"工具 T，在属性栏中选择合适的字体并设置适当的文字大小，输入需要的文字，如图 12-469 所示。

图 12-466

图 12-467

图 12-468

图 12-469

（4）选择"移动"工具 ▸⊹，单击"图层"控制面板下方的"添加图层样式"按钮 fx，在弹出的菜单中选择"投影"命令，在弹出的对话框中进行设置，如图 12-470 所示，单击"确定"按钮，效果如图 12-471 所示。

（5）在"星级"图层上单击鼠标右键，在弹出的菜单中选择"拷贝图层样式"命令，在"宠物医院"图层上单击鼠标右键，在弹出的菜单中选择"粘贴图层样式"命令，图像效果如图 12-472 所示。

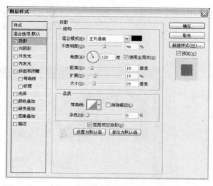
图 12-470

图 12-471

图 12-472

（6）按 Ctrl+O 组合键，打开光盘中的"Ch12> 素材 > 宠物医院网页 >09"文件，选择"移动"工具 ▸⊹，将图片拖曳到图像窗口的适当位置，效果如图 12-473 所示，在"图层"控制面板中生成新的图层并将其命名为"卡通小狗"。

（7）单击"图层"控制面板下方的"添加图层样式"按钮 fx，在弹出的菜单中选择"投影"命令，在弹出的对话框中进行设置，如图 12-474 所示，单击"确定"按钮，图像效果如图 12-475 所示。

图 12-473

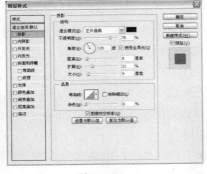

图 12-474

图 12-475

（8）在"图层"控制面板中，按住 Shift 键的同时，单击"标牌"图层，将"卡通小狗"图层与"标牌"图层之间的所有图层同时选取，按 Ctrl+G 组合键，将其编组并命名为"标牌 2"，如图 12-476 所示。按 Ctrl+T 组合键，在文字周围出现变换框，将鼠标置于变换框的外边，鼠标光标变为旋转图标↰，拖曳鼠标将其旋转到适当的角度，并调整其位置，按 Enter 键确认操作。宠物医院网页效果制作完成，如图 12-477 所示。

图 12-476

图 12-477

课堂练习 1——婚纱摄影网页

【练习知识要点】使用文字工具添加导航条。使用移动工具、添加蒙版命令和渐变工具制作图片融合效果。使用矩形工具和创建剪贴蒙版命令制作图片连续变化的效果。使用文字工具添加联系方式。婚纱摄影网页效果如图 12-478 所示。

【效果所在位置】光盘/Ch12/效果/婚纱摄影网页.psd。

图 12-478

课堂练习 2——电子产品网页

【练习知识要点】使用自定形状工具绘制装饰图形。使用多种图层样式添加立体效果。使用圆角矩形工具、添加锚点工具和直接选择工具绘制菜单。使用画笔工具绘制虚线。电子产品网页效果如图 12-479 所示。

【效果所在位置】光盘/Ch12/效果/电子产品网页.psd。

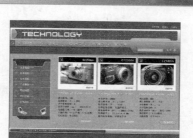

图 12-479

课后习题 1——科技网页

【习题知识要点】使用椭圆选框工具绘制云彩图形。使用矩形选框工具和圆角矩形工具绘制底图图形。使用添加图层样式命令为图片添加描边效果。使用自定形状工具和钢笔工具绘制装饰图形。科技网页效果如图 12-480 所示。

【效果所在位置】光盘/Ch12/效果/科技网页.psd。

图 12-480

课后习题 2——写真模板网页

【习题知识要点】使用渐变工具制作暗光效果。使用添加图层样式命令为图片和文字添加投影、外发光、斜面和浮雕、描边等效果。使用喷溅滤镜命令制作黄色背景效果。写真模板网页效果如图 12-481 所示。

【效果所在位置】光盘/Ch12/效果/写真模板网页.psd。

图 12-481